梦想罗盘

激发自我潜能

李殿波◎著

中国纺织出版社有限公司

内 容 提 要

梦想激发潜能，目标带来动力，如何才能打造高效的"梦想系统"？本书以建立梦想、心智转化、计划行动、优化调整、结果反思这实现梦想的五个部分为基础，理论联系实践，构建了梦想罗盘，从心理学、社会学等视角，深度剖析了梦想与现实的内在逻辑，无论处于实现梦想的哪个阶段，都可以在梦想罗盘的指引下，校正思维模式，找到更佳方案，拨开未来迷雾。无论是追梦路上的实践者，还是想提升自我的奋斗者，或是想赋能员工的领导者，读完本书都会收获满满。

图书在版编目（CIP）数据

梦想罗盘：激发自我潜能 / 李殿波著. --北京：中国纺织出版社有限公司，2023.6

ISBN 978-7-5229-0573-0

Ⅰ.①梦… Ⅱ.①李… Ⅲ.①能力培养—通俗读物 Ⅳ.① B848.2-49

中国国家版本馆CIP数据核字（2023）第080633号

责任编辑：曹炳镝 史 岩 责任校对：高 涵 责任印制：储志伟

中国纺织出版社有限公司出版发行

地址：北京市朝阳区百子湾东里 A407 号楼 邮政编码：100124

销售电话：010—67004422 传真：010—87155801

http://www.c-textilep.com

中国纺织出版社天猫旗舰店

官方微博 http://weibo.com/2119887771

天津千鹤文化传播有限公司印刷 各地新华书店经销

2023 年 6 月第 1 版第 1 次印刷

开本：710×1000 1/16 印张：13.5

字数：148 千字 定价：58.00 元

人生要有意义，成功的人始终在追寻一个清晰的目标，不惧风雨，无论险阻，因为他们内心充盈踏实，为了梦想可以迎接所有的挑战，并乐在其中。正如苏轼在《留侯论》中所言："天下有大勇者，卒然临之而不惊，无故加之而不怒。此其所挟持者甚大，而其志甚远也。"

李殿波老师的这本书构建了一个美满人生的模型，基于认知心理学和积极心理学理论，以及大量的案例和实践，为读者提供了一套逻辑自洽、切实可行的实现梦想的方法。本书的五个部分——建立梦想、心智转换、计划行动、优化结构、结果反思，各自成章又互为映衬，有理论、有案例、有方法、有工具。作者以深厚的专业功力和丰富的实践经验将一个很容易缥缈化的主题转化为一套行之有效的职业生涯指南，无论是职场新人，还是腾挪转换多年的"老兵"，都可以从中受益。

特别是作者在书中让心理学与梦想建立起看似不可思议却合情合理的联系，并提出了一些具有开创性的思维方法。书中的观点新颖，内容丰富有趣，方法简单高效，而且拿来就可以用，一学就会。这既是一本不可多得的心灵读本，也是一本有趣的科普读物，还是一本能够帮助读者、团队实现快速自我迭代的实用工具书。

认识李殿波老师很多年了，他既是一位资深的企业高管、培训专家，也是一位良师益友。他对专业的敬畏，对年轻人的提携，对新事物的开放心态，以及身体力行的人生观，都值得敬仰和学习。这些品质也是他写这本书的底蕴和初心。通过阅读本书，个人可以破解限制自我发展的心理因素、获取实现梦想和目标的关键方法，超越自我，提高自我效能；认清和激发自我潜能，增强自我激励以及对环境的积极影响力，步入事业发展的良性循环；扩展对个人成长、家庭、事业发展的认知范围，走向成功；移植成功人士思维方法的有效工具，快速适应社会发展。对组织来说，本书同样能够带来诸多裨益。

期待本书能为更多读者带来收获，也期待李殿波老师耕云种月，未来能带给读者更多优秀的作品，帮助追梦者实现梦想。

《培训》杂志联合创始人、培伴 App 董事长　常亚红

2023 年 2 月于南京

我有个阅读习惯，拿到一本书，第一时间会性急地直奔吸引眼球的章节。前些时日，我拜读了李殿波老师的《梦想罗盘：激发自我潜能》，这本书着实吊足了我的胃口，是近两年来我看过的难得的有思想、有灵魂的作品。

结识李殿波老师是在公司组织的战略解码课程，我本人也全程参与了学习，课程中李殿波老师用这本书里面的内容、逻辑、工具唤醒了久其软件中高层管理干部的激情，同时对管理者思维进行了升级，对久其软件中高层干部能力提升起到了关键作用，相信该书内容对各位读者能力提升也会有非常大的帮助。所以，在李殿波老师邀请我为本书作序时，我欣然答应。

本书是作者基于认知心理学和积极心理学的理论撰写而成的，体现了领先的思维方式，对个人潜能开发、思维模式建立、职业发展、管理思路，以及组织成长等都具有重要作用。本书也提供了让我们从个人责任意识向社会责任意识发展的一套思维方法和工具。

在书中，作者通过对一些权威的心理学理论的引用、阐述，以及对诸多相关经典案例的分析，帮助读者重新认识并灵活应用自己的潜能。与此同时，让读者领略到一些可能会使其内心产生颠覆性变化的概念与工具，如创造性潜意识、愿景宣言、预想、舒适区等。

久其软件 1997 年创建于北京中关村，公司自成立起就树立了软件报国的梦想，直到现在我和公司仍坚持这个梦想，并为成为专注于政企信息化建设、数字化转型与智能化升级的管理软件供应商而努力奋斗。久其软件的成功逻辑，与李殿波老师在《梦想罗盘：激发自我潜能》这本书中呈现的内容和逻辑完全一致。

希望读者在阅读本书时，能从中受到启发，有新的理解和收获，并在成长的过程中，逐渐形成自己的思维模式，养成好习惯，拥抱变化，像书中所说的那样"自行负责"地实现自己的梦想。

在此，祝愿李殿波老师有更多力作问世，也祝愿各位读者努力终有所成。

北京久其软件股份有限公司董事长　赵福君

2023 年 2 月于北京

在生活中，很多人过着按部就班的生活，如果说这样的人生还欠缺点什么的话，那多半是对梦想的憧憬与追求。特别是在面对羁绊、挫折、变化时，是坚持还是放弃，是向左还是向右，决定了你实现梦想的路径和方法。

为了帮助更多人打造高效的"梦想系统"，提升自驱力，帮助企业唤醒组织能量，《梦想罗盘：激发自我潜能》从社会学、心理学等视角深度剖析了梦想与现实的逻辑关系，并提供了一整套新的思维方法、落地工具。笔者曾任职于全球领先的企业服务提供商用友集团，担任下属公司副总经理，负责营销管理工作，有丰富的企业管理、运营经验。笔者将多年的管理实践与授课过程中的总结与反思糅合，并在系统提炼、转化的基础上进行升华，提出了将梦想变成现实的一整套思维方法、工具及底层逻辑，供读者、学员朋友参考和学习。正如作者所说，"当你阅读本书时，就类似于进入了一家自助餐厅，品尝你喜欢吃的概念和实践"。

本书以严谨的社会学、心理学理论为依托，理论讲解与案例分析相结合，注重逻辑推理及思维方法、工具的可行性，有助于读者建立全新的关于梦想的思维模式，打破一些固有的心理羁绊。同时，基于认知心理学和积极心理学的理论，本书深入浅出地讲解了经典理论，体现了新的思维与时代特征，无论是对个人潜能的开发，新思维模式的建立，还是对未来的职业发展，都有重要的参考意义。

阅读本书，个人能从中得到突破自我发展的心理限制，获取实现梦想和目标的关键方法，认清和激发自我潜能，增强自我激励以及对环境的积极影响力，移植成功人士思维方法，扩展对个人成长、家庭、事业发展的认知范围，步入事业发展良性循环，提高自我效能，超越自我，走向成功。

阅读本书，企业能用新的视角重审企业和组织的规章制度和管理模式，营造信任氛围、提高领导效力，确立未来的憧憬与蓝图，构建、完善"以人为本，个人企业共同持续发展"的组织文化，登上发展新台阶。

无论是个人还是组织，都可以通过本书获取实现梦想、目标的关键方法，有效提升自我效能或团队效能，如图1所示。它还可以帮助企业打造一支积极拥抱变化、践行承诺、富有创造性的员工队伍，融合企业梦想和员工梦想，焕发员工持久的工作动力和自我负责的精神，从而解锁企业能量，帮助企业实现良性发展及社会价值。

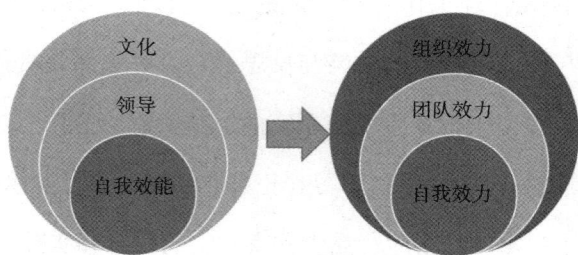

图1　自我效能与自我效力

李殿波

2023 年 1 月

走向未来的梦想罗盘

什么是梦想？从字面理解，就是做梦的时候想的事情。在《新华字典》中，"梦"解释为睡眠时局部大脑皮质还没有完全停止活动而引起的脑中的表象活动。梦想，作为动词解释为幻想、妄想、渴望，作为名词解释为梦想的事情。梦想可以通过一定的方式和途径成为现实。它最大的意义是给予人一个方向，一个目标。如果只把梦想当作梦，那么这样的人生不会有什么亮点。梦想使人伟大，人的伟大就在于把梦想当成目标不懈地追求。

经过多年的研究和实践，笔者给梦想下的定义是：梦想＝使命＋愿景。使命是什么？使命是我们为什么存在，我们能够给家庭、企业乃至社会创造什么价值。愿景是什么？愿景就是我们要成为什么，我们通过成为什么来达成我们的使命。比如，苹果公司创始人史蒂夫·乔布斯的使命是：活着就是为了改变世界；愿景是：使用技术满足目前未被满足甚至未被发现的客户需求。基于这样的使命与意愿，他的人生梦想是：让人类把世界装进口袋。为了这个梦想，他成为一个不断改变自己和周围的现实世界，并不断缔造"完美的苹果世界"的人。

我们每个人小时候就拥有自己的梦想，有的人想当科学家、有的人想

1

当工程师、有的人想当公共汽车司机、有的人想当警察……有的人从小就树立"改变世界"的梦想。

《梦想罗盘：激发自我潜能》的使命，就是让每个人都有美好的未来。在梦想罗盘的课堂上，笔者经常发现很多学员都对过去的自己怀有遗憾，他们希望能够在未来弥补这些遗憾。为了帮助更多人实现梦想，本书以认知心理学和积极心理学为基础，引用了阿尔伯特·班杜拉博士、马丁·塞利格曼、盖芮·莱森博士等知名学者关于认知心理学和积极心理学的一些观点，并将罗伯特的逻辑层次作为本书的理论依据。

本书是基于认知心理学和积极心理学的理论撰写，体现了国际领先的思维方式，对个人潜能开发、思维模式建立、职业发展、管理思路、组织成长等大有裨益。同时，笔者将自己的授课与管理实践归纳、转化为简单易懂的方法，可操作性强。书中还引用了一些学员的梦想作品和思维转化后的心得体会，仅供学习和参考，在此对学员的梦想作品和提供的建议、反思表示感谢。

什么是梦想罗盘?

罗盘，也叫"罗经"，最早用于航海。早在汉代之前，就出现了罗盘，当时的罗盘比较简单，到唐、宋时期，罗盘得到了完善。人们将自身对自然的理解融入了罗盘中。例如，观星学中的星宿、阴阳五行、天干地支等，将它们排列成很多小格子，并在罗盘上安装磁针，根据磁针的指示来行事。罗盘看似比较复杂，实则很简单，罗盘主要由位于盘中央的磁针与一系列同心圆圈组成，每一个圆圈代表着古人对于宇宙大系统中某一个层次信息的理解。

当然，罗盘的种类有很多，就构造来说大同小异，都是由磁针、度盘和照准设备等主要配件组成。基于同样的结构，笔者设计了"梦想罗盘"，即以实现梦想的五个部分为基础设计的人生罗盘，如图2所示。这五个部分分别为：建立梦想、心智转化、计划行动、优化调整、结果反思。建立梦想包括：憧憬未来、管理现在、定义自己；心智转化包括：以终为始、正向循环、集注排斥；计划行动包括：设置里程、寻找资源、落实计划；优化调整包括：计划迭代、心态调整、方法优化；结果反思包括：梦想检视、能力迭代、不断更新。各部分内容相辅相成，存在严密的逻辑关系，且构成了一个有机整体，并在此基础上推导、衍生出了一整套方法论。

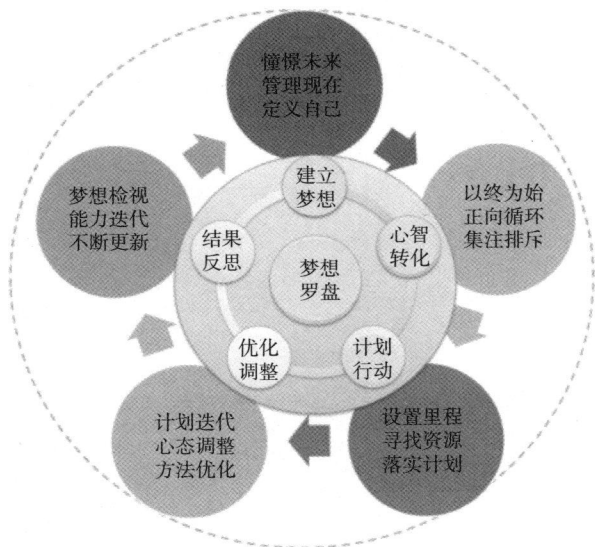

图 2　梦想罗盘

目录

第一部分 建立梦想：我有一个梦想

1

第二部分　心智转化：我愿意快速地变化

第三部分　计划行动：我能够知行合一

第四部分　优化调整：我可以持续精进

第五部分　结果反思：我不断检视和更新

第一部分
建立梦想：我有一个梦想

第一章　憧憬未来

每一个人都有一定的理想，这种理想决定着他的努力和判断的方向。就在这个意义上，我从来不把安逸和快乐看作是生活目的本身——这种伦理基础，我叫它猪栏式的理想。

——爱因斯坦

1. 成功的人都先憧憬未来

在工作中，多数人写过工作总结，其内容无非是对过去发生的事情做一个大概的回顾，写明自己取得了哪些成绩，存在哪些问题。毕竟，过去的事情没有办法通过总结来改变。如果只谈过去，不谈未来，那么，这份总结的价值与意义就会被弱化。一份好的总结，末尾通常需要展望一下未来。

人生也是一样。我们需要不时地回首过去，总结自己，也要积极地憧憬未来——对比过去自己的成绩与问题来优化现有方案，改变工作思路，并确立新的目标，从而把那些比较好的东西保留下来，把不好的东西摒弃，让自己在未来的工作中逐步提升。过去的已经过去，我们终将面向未来。尤其作为青年人，我们要庆幸生活在这个伟大的时代，成为实现中华民族伟大复兴的"中国梦"的亲历者和见证者。对我们而言，"中国梦"不但包含了国家富强、民族振兴与人民幸福的内容，也寄托着中国人民对美好生活的向往和对未来的价值期盼。我们要立足自身，把个人理想追求融入实现"中国梦"这一伟大理想过程中，积极做"中国梦"的参与者、实践者、推动者，使青春焕发出绚丽的光彩。

如今，人们习惯用"成功"来衡量一个人的人生价值。当然，每个人对"成功"的定义不同，有的成功轰轰烈烈，有的成功悄无声息，有的成功要用财富来衡量，有的成功要用名声来丈量。无论是哪种成功者，他们都拥有一样共同的东西，即梦想罗盘。这样的例子俯拾皆是。

遇到困难时，很多人的生活、收入、心情等会受到影响，抱怨不断，其实，困境中的他们最需要的不是曾经拥有、而后失去的东西，而是一个小小的梦想，或者一个小小的目标。

一个人对未来茫然无措，没有梦想的引领，多半只能在现实中打转，因此会感到无序、彷徨，甚至是焦躁。就拿赚钱这件事来说，当你看不到行业的前景，对自己没有清晰的规划，你只能赚一些大家都能看得到的钱，于是，哪里工资高，哪里工作稳定，你会倾向于选择哪里。当然，你能看到的，也是很多人看到的，于是，你不可避免地会陷入"内卷"。这种现象很容易用一些简单的经济学常识来解释。

一个人要改变、要进步，可以没有资源、没有学历，但至少要有一张蓝图，你可以说它是"梦想"，也可以说它是"野心"，总之，你要有这样一种东西。它对我们人生的意义体现在以下三个方面。

（1）为我们提供精神动力

大多数人骨子里都有一种惰性，需要不断地被激励才会去做一些"不想做""不愿做""不敢做"的事情。梦想可以持续为我们提供精神动力，刺激我们不断向上，改变生活状态，尤其在遭遇失败与挫折的时候，让我们依然充满力量。想一想，生活中那些非常优秀、自律的人，以及各个行业的精英，他们的人生能够达到常人无法企及的高度，哪一个人不是为了梦想在努力？梦想让他们不断获得新的能量，不断做大人生的增量。

（2）为我们指明人生的方向

有一句谚语说得好："对于一艘没有航向的船来说，任何方向的风都是逆风。"梦想是海上的灯塔，是人生的罗盘，要想提高人生效率，就一定要借助罗盘的指引。生活常识告诉我们，在人生路上，每走几步就是一个十字路口。如果想行稳致远，必须有明确的前进目标，知道自己要往哪里去，怎样才能最有效率地到达那里。否则，每到一个十字路口，你都左顾右盼，临时做出选择，这样不但浪费时间，而且会走许多弯路。

（3）让我们的生活更有意义

一个没有梦想的人会活出怎样的状态呢？一定是碌碌无为、得过且过、浑浑噩噩地度日。的确，没有梦想的人生是迷茫的，也是空虚的。有的人在步入老年之后，回顾自己的一生时，会感叹"人生没有意义"，其实不是人生没有意义，而是他们从来没有为梦想努力过，甚至连自己的梦想是什么都不清楚。梦想赋予人生以意义，尤其是为了梦想而拼搏，会让我们的生活变得多姿多彩，让我们的人生充满活力，也让我们在未来遇见更好的自己。

不是每个人生下来都那么闪耀，但是成功的人总有一个梦想。在没有梦想之前，我们都是普通人。我们的起点可以很低，但不能没有梦想，从现在起，就给人生一个昂扬的梦想。因为在这个世界上，不是有能力的影响没能力的，也不是有学历的影响没学历的，而是有梦想的影响没梦想的，有大梦想的影响有小梦想的，有小梦想的影响没梦想的，一个宏伟的梦想，不但会激励自己，也会吸引更多资源、人才为你所用。

2. 从建立梦想系统开始

每个人都应有自己的梦想，梦想是能够实现的，不能实现的是幻想。所以，憧憬未来不是闭着眼睛想"我要做什么""我要成为什么"。就如同制造一个机器零件，它是一个系统工程，不是你在脑子里过一遍就能产生成品。在成品产生之前，先进行设计，并绘出图纸，再选择适当的材料进行加工。

梦想的建立也是一项系统工程，需要基于现实，由近及远，由简单到系统，由多到少，逐步聚焦。如此，才能真正实现自己的梦想。

那么，如何构建梦想系统呢？这里有四个关键步骤：

（1）建立你的梦想仓库

找一张白纸，或者在电脑上建个文档，然后花一小时详细列出你未来1~10年，甚至更长远的梦想，包括你曾经的梦想，以及你感兴趣的事情。这些内容构成了你的梦想仓库。

（2）详细描述你的现状

写下你现在的真实状况，比如你的年纪，从事的职业，所属的行业，掌握的知识与技能，拥有的各种资源，性格特点，兴趣爱好，对未来经济的看法等。当然，也可以对它们进行分类，或是进一步细化，总之，就是尽可能深刻、全面地"解剖"自己，对自己有一个理性、准确的把握。

（3）对标梦想与现实

将列出的梦想与自己的现状进行"对标"，这时，可以站在第三者的角度来分析。比如，你的梦想中有一条是"将来开一家火锅店"，那就从现状描述中找出与这个梦想相关的一些描述，看它们是否匹配。如果相关描述："我的专长是程序设计""我不善于经营与管理""我喜欢静静地思考问题"等，则说明你的现状与这个梦想大相径庭。如果你的梦想是："想开一家辅导班，教大家编程。"它的匹配度更高。经过这样的匹配，可以从众多梦想中筛选出最符合你能力、气质与特点的梦想。

（4）从多个维度解析问题

在筛选出一个或是多个梦想后，要从多个维度来解析它们。例如，你认为"开火锅店"这个梦想可行，你至少要从三个维度来思考。从时间维度来思考：5年或10年后，经济形势会怎样，不同的行业都会发生哪些变化；从顾客的维度来思考：人们的饮食习惯、偏好是怎样的；从行业的维度来思考：行业的竞争格局是怎样的，成功的样板有哪些，失败的原因是什么等。把它们详细记录下来。只有围绕梦想，深入了解、研究相关的问题，才会让梦想变得更清晰、更具体。

经过上述四步，可以初步建立起自己的梦想系统，这是一个大的框架，即定义了你的努力方向，事业高度，以及实现梦想的大致途径。只要这个大的框架不出问题，在践行梦想的过程中，不断丰富、完善、优化，具体的路径会越来越清晰，可操作性会越来越强。

这就像一家公司年初制定的目标是"营业额突破10亿元"，这个目标是否可行？需要逐层来分解、分析，即需要对宏观经济形势进行客观评估，并对内外部资源、客户、人才、市场、竞争对手等进行深入分析，如果在此基础上得出一个结论：实现这个目标有一定难度，但也不是不可能，这个目标基本是靠谱的。

个人追求梦想也是如此，以赚钱为例，张口闭口"先赚 200 万元再说""要做就做行业的标杆"等，听着很提气，但是仔细一想，立马会泄气。为什么？因为它终究是一个梦，是空中楼阁。无论在现实中还是在网络上，经常会出现类似的情况。比如，有人晒自己的收入，会引来不少人仰慕："哇，这个人好厉害！三个月就赚了 500 万元，我要向他学习。"其实，他还想说"500 万元算什么，从现在起，我要三年赚 6 亿元，让我家保姆、司机都成为千万富翁"。

在仰慕这些"成功"人物之前，大家可以思考这样一个问题：他们从事什么行业，赚钱的底层逻辑是什么。如果这些问题想清楚了，你便可以看清一些所谓的"财富神话"与"财富梦想"。

当然，你要记住一个问题，真正的梦想都是一个系统工程。在你看到"梦"的时候，一定要想到托起这个"梦"的基座以及它的底层逻辑。只有用系统思维建立起来的有依托的梦想，才会离现实更近。

3. 大声说出你的梦想

大多数人有自己的梦想，许多时候，它们只存在于自己的脑海中，没有人知道，最终也没有实现。有了梦想，为什么不讲出来？讲给自己听，讲给朋友听。因为害怕被嘲笑。所以，很多人在梦想没有实现时，不声张、不张扬，有了目标、理想，不想到处宣扬，等到实现人生目标的时候，再把自己美好的故事讲给别人听，认为那样别人会更加欣赏自己。

其实，有了梦想就要大声讲出来。敢于说出梦想，既是给自己的一个正式的承诺，也是实现梦想的第一步。通过语言的力量，可以加强自己对于"梦想成真"的信念，从而驱使自己更加努力。当然，把梦想讲给别人听，无形中会让对方成为自己的监督者，从而使自己变得更自律、更上进。

所以，当我们拥有新梦想时，一定要大声告诉别人。很多时候，每个人在他人眼中都没有自己想象的那么重要，所以自以为的嘲笑、鄙夷也是不存在的。当你有勇气讲出自己的梦想时，反而容易得到他人的认可、崇敬。想一想，那些优秀的创业者和各个行业的佼佼者，他们为什么都像一个磁场，对别人有着很强的吸引力？就是因为他们拥有梦想，敢于讲出自己的梦想，并能为梦想持之以恒地付出。

从现在起，请说出你的梦想，让它置于大众的目光中，这对你或许是一个小小的挑战，但对你的人生之路来说却是重要的一步。

我每次在培训班授课，都有不少人来参加。课间，大家围坐在一起，很快就认识了。等下次授课时，其中一些学员还会来听课，有的我一眼就能认出来，甚至还能叫出对方的名字，有的印象比较模糊，我觉得很奇怪，问自己："是什么原因让我对一些学员印象如此深刻？"很快，我就找到了答案，是他们的梦想。或许，你也有过这样的经历吧？

我们的右脑是记忆图像的，左脑是记忆逻辑和文字的，而右脑又是左脑记忆的 100 万倍，所以，我记住了学员的模样，但很难记住他们的名字。这也是我让大家把梦想画出来、讲出来的原因。你把梦想画出来，脑海中会出现一些预想的画面，这样，你的记忆会更加深刻。在这个基础上，再大声讲出你的梦想，脑海中的画面感会更强。

有的学员可能一年前听过我的课，当再次见到他们时，我依然印象深刻，就是因为他们善于描绘并当众讲出自己的梦想，这让我在脑海里也产生了一幅清晰的画面。因为语言会触发图像，图像会带来情感体验，我们都会移向我们想象的图像。

目标和理想就是你的梦想，一个人没有梦想，生活毫无意义，但是如果你有梦想不敢表达，它终究只是一个梦。有梦想就要大声说出来。把梦想藏在心里，就没有人监督你、鞭策你。即便有人嘲笑你，也是你成功与进步的催化剂。说出梦想是一种明证，也是一种烙印，说出来才有锐意进取的勇气，才能激发自己更大的潜能。当然，说出来，告诉这个世界，也让你有机会吸引同等能量的人来一起实现梦想。

在一所中学的一个班上，老师要求每个学生都走上讲台，大声说出自己的梦想。有一个学生的第一反应是："我的梦想是环游世界"。因为出生在农村，家境比较差，这个梦想对他来说简直是天方夜谭。如果把这个梦想讲出来，一定会被大家笑话。于是他想编一个梦想，至少听上去跟大家的差不多，如"做一名科学家""当一个老师"等。但是，在走上讲台的那一刻，他改变了主意，"厚着脸皮"说："我的梦想是环游世界。"原本以为下面会发出阵阵嘘声，没想到，大家都一脸惊讶，还伴有赞许声。当时，他特别开心，仿佛实现了梦想一样。后来，他的学习成绩越来越好，越来越努力，自信心也越来越强。高中毕业后他考上了一所重点大学，选择航空相关专业。他说："我离梦想更近了一步。"

说出自己的梦想，即便在别人看来那是"梦"，也要从容地讲出来，因为它是一种暗示的力量——只要坚定方向，你所付出的每一点努力，都会使事情朝着预定的方向发展。

如何清晰化自己的梦想？梦想等于什么？

梦想＝使命＋愿景，要成为什么样的人，就要完成什么样的使命。通过这个公式，就可以清晰定义自己的梦想。

最后，请你记住：相信是具有力量的。相信自己的梦想，相信自己的努力，从现在起，大声说出你的梦想，相信美好的事情终将发生在你的身上。

4. 让梦想预先视觉化

我们每天接收的信息中，有80%属于视觉信息，而且我们看到什么，往往就会相信什么。在现实生活中，我们做的很多事情，都是视觉驱动的。例如，你肚子有点饿，吃点什么好呢？你马上想到了水煮鱼，并且脑海里出现了一幅画面：一盆热气腾腾的香辣水煮鱼……于是，你的目标就锁在了"水煮鱼"上。

其实，我们平时购物、消费等，都遵从这样一个规律，即先让目标视觉化，然后激起消费的冲动。比如，买房子前，你会设想将会买一套什么样的房子，等销售人员带你看完楼盘样板间，你脑海中的画面感会更强，如附近有哪些配套设施，小区的位置、楼层、户型是怎样的等。等选定了具体的户型，你的脑海里又会出现装修好的画面。

同样的道理，无论是一个人的成功，还是一项科技的发明，都离不开视觉化。比如，科学家要发明某个东西，心中先要有这个东西的形状，像莱特兄弟和飞机、伊斯曼和电影、贝尔和电话等。当然，我们的梦想也需要视觉化。如果你想要实现自己的某个梦想，必须在头脑中将它视觉化，也就是在心目中先创建一个"已经拥有想要的事物"的画面。无数心理学家证明过，把目标视觉化会激发人们的潜力。

很多人从小就拥有自己的梦想，希望自己长大后成为什么样的人。在培训课堂上，我经常做一些现场调查，问大家："你们小时候的梦想是什么？"大家的回答无非是"科学家""老师""火车司机""警察""医生"等，再问大家："如今，你们实现了自己的梦想吗？"答案令人失望，因为大部分人都没有实现自己当初树立的梦想，这是什么原因呢？

我经过深入的总结、研究发现，大家当初的梦想仅是一个概念，至于这个梦想是什么，需要什么资源，树立什么目标，如何达成等，根本没有清晰的规划，甚至连大概的印象都没有。这样的梦想只能说是一种期望。

其实，很多人都有这样的习惯：即便只是设定一个很小的目标，在遇到问题后，便看不到目标。接下来，他们不再追求既定目标，而是重新设定一个目标。然而，很快新目标又会被新问题绊住。于是，又不得不开始寻找新的目标……最终一事无成。

那么，我们如何才能让梦想清晰起来，并一直牢牢地印在我们的大脑中，成为一种牵引我们努力做事的力量呢？答案是：预先视觉化我们想要的某种情形，使梦想变得逼真、生动。

你一旦对自己、自己的潜力、自己的态度、自己的环境、自己的目标有了清晰的图像，阻碍你成功的因素便找到了。成功的人都善于使用自己的想象，他们都事先思考并在内心创造图像，然后不断地充实、增减、修改和变动细节，稳步地绘制这幅图像，使之变成现实。

格式塔心理学派认为，眼脑作用是一个不断组织、简化、统一的过程，正是通过这一过程，才产生出易于理解、协调的整体。归纳起来，关键有三点：人们总是先看到整体，再关注局部；人们对事物的整体感受不等于局部感受的加法；大脑会将复杂的视觉内容简化为容易理解的整体。

也就是说，我们头脑中产生的各个关于梦想的画面、片段不是零散的，它们在时间、空间上具有某种连续性，而且彼此接近的部分容易形成一个整体。例如，你心中有一个梦想，你往往先"看到"这个梦想的全貌，或是实现这个梦想时的场景，然后才会"看到"组成这个全貌的各个部分。

在将梦想视觉化的过程中，我们需要不断地改变心中的格式塔，使内心预先创造出来的图像越来越清晰，越来越真实，越来越富有情感体验。这是一种看到未来的能力，有助于你将梦想变成现实。

所以，在憧憬未来的时候，我们不要一味把注意力放在现实上。现实是暂时的，它会变化，它是我们树立梦想的起点。梦想是我们在自己的内心中或在别人的内心创造的想要实现的未来图像，是对未来的计划。当然，现实与梦想之间存在差距，我们的目的是消除这种差距。如果你树立的梦想越清晰、越逼真，梦想与现实的差距就越容易把控，梦想就越容易实现。

第二章　管理现在

　　每一个人都应该有这样的信心：人所能负的责任，我必能负；人所不能负的责任，我亦能负。如此，你才能磨炼自己，求得更高的知识而进入更高的境界。

——林肯

1. 提升自我效能

　　每个人或多或少有过类似的经历：在做一件有挑战性的事情前，有的人相信自己能够做好，那有可能做得很好，有的人认为自己不行，定会表现得很糟糕。

　　很多时候，人们之间最大的区别不是能力，而是心态，更确切地说，是"自我效能感"。自我效能感是 20 世纪 70 年代由美国斯坦福大学心理学家阿尔伯特·班杜拉首次提出来的。什么是自我效能感？简单来说，就是在特定情景中，从事某种行为并取得预期结果的能力，它通常指个体对自我有关能力的感觉。通俗地说，就是当你对一件事或某种事物产生强烈的期待感时，这种期待感会无形中"放大"你的能力、潜力，从而促使你去完成那件事，或是获得某个事物。提升自我效能感的关键不是去克服缺点，而是强化优势与挖掘潜能。

有人可能会说："这不就是自信吗？"其实不然，自信是一种心态，通俗地说，就是感觉"我可以""我能行"，那到底行不行？得骑驴看唱本——走着瞧。自我效能感侧重对自身能力的判断与评估。通常来说，成功经验会增强自我效能，多次的失败会降低自我效能。这样一对比，自我效能与自信的区别还是很明显的。

自我效能感强的人不会盲目自信，他们身上有五个重要特征：习惯设立"靠谱"，且有些超前的目标；能主动选择有挑战性的任务；抗压能力强，能进行正向的自我激励；能客观评价自己的能力；做事有韧性，能够持之以恒。

在生活与工作中，这些特征往往体现在一些小事上。因此，我们可以根据一个人做事的方式、思维来大致推断他的自我效能感如何。

有一次，我在课堂上提出一个问题：在没有其他工具的情况下，能否在5分钟内，让一支吸管穿过土豆？当时，很多人一听就乐了，说："这还不简单"，也有人产生疑问："这要看是什么样的吸管。"我将一个比拳头还大的土豆，与一支很普通的吸管展示给大家。

在正式让学员尝试之前，让每人填一张表格，如表1-1所示。

表1-1　课堂调查表

序号	选项	认为"能"打√，认为"不能"打×
1	可以穿过去（我认为一定）	
2	有可能穿过去，但我不敢尝试	
3	有可能穿过去，我认为需要方法	
4	有可能穿过去，我认为得多试几次才行	
5	不可能穿过去，我认为再怎么尝试都不行	

在学员将调查表格交上来后，我问大家："有没有愿意上来挑战的？"只有八九个人举起了手。我随机选了两个人上来。结果，第一个挑战的学员只用不到 3 秒，就将吸管穿过了土豆。第二个是位女学员，她虽然尝试了好几次，但最后还是穿过去了，共用时 30 多秒。

接着我又问大家："谁刚才在调查表中选了最后一个选项，请举手。"有十几个人举起了手，我请其中的一个人上来，并对他说："现在，我就让你将'不可能'变为'可能'。"然后，我让他当着大家的面用吸管去刺土豆。结果，他一下就刺穿了，仅用了 2 秒。

我问他："那之前你为什么觉得不能呢？"

他说："没有这方面的经验，我感觉是刺不穿的，毕竟吸管那么软。"

同样的问题，我又抛给选择最后一项的几位学员，大家的回答出奇一致，都是"我认为""我觉得"，或是自己欠缺这方面的经验等。

事后，我对 200 多份调查表做了统计，结果如表 1-2 所示。

表 1-2　课堂实验调查表

序号	选项	数量（份）	所占比例（%）
1	可以穿过去（我认为一定）	44	18
2	有可能穿过去，但我不敢尝试	35	14
3	有可能穿过去，我认为需要方法	46	18
4	有可能穿过去，我认为得多试几次才行	30	12
5	不可能穿过去，我认为再怎么尝试都不行	93	38

如果你在现场，你的选项是什么？

在这个实验中，为什么很多人不想，也不愿意尝试？因为他们认为自己有可能"失败"，也就是说，他们之所以不想行动，或是不敢行动，是受困于"我认为""我觉得"。从中可以看出，这不是能力问题，而是信念问题。

因此，提升自我效能，需要改变那些在观念中已经固化了的且阻碍自己系统性思考的"理所当然"，或是思想羁绊，用更审慎、理性的思维评价自己，并客观地看待问题。

提升自我效能可从以下几个方面入手：

> 经验可以借鉴，更要看事物变化、发展的逻辑；

> 不要靠感觉，感知到的不一定是事实；

> 多换个角度思考，尝试摆脱思维定式的影响；

> 行动大于经验，在一个新事物面前，要勇于尝试；

> 别一开始就认为"不可能"，否则你就不去想办法了；

> 我们的能力和潜能被我们的思维所限制。

你现在的自我效能如何？最后，让我们来做一个测试吧。

在表1-3中，共10个问题，每个问题对应4个选项，只能从中选择一个。选"完全不正确""基本正确""多数正确""完全正确"，依次得0、2、3、5分，各问题得分数相加，总分数越高，说明自我效能越强。

表1-3 自我效能测试表

问题描述	完全不正确	基本正确	多数正确	完全正确
如果我尽力去做的话，我总是能够解决问题的				
即使别人反对我，我仍能获得我想要的结果				
对我而言，坚持理想与达成目标并非难事				
我可以从容地应对任何冲突与突发事件				
以我的才智，我完全能应付意外情况				
如果我付出必要的努力，我定会解决多数难题				
面对棘手的问题时，我经常能找到多个解决办法				

问题描述	完全不正确	基本正确	多数正确	完全正确
遇到麻烦的时候，我经常能想到应对的办法				
无论发生了什么事，我都能应对自如				
我会冷静地面对困难，因我相信自己有解决问题的能力				

测试结果如下：

0~10分：自我效能很低，有自卑情结。建议：寻找自身的优势，平时多肯定自己的努力与进步。

11~25分：自我效能偏低，时常会感到信心不足。建议：正确对待自己的优点和缺点，经常鼓励自己，理性看待别人的评价。

26~40分：自我效能较高。建议：尽可能全地列出自己的缺点，承认它们，并制订一份改进计划。

41~50分：自我效能非常高。建议：做事要务实，为人应谦虚，学会立体地看待自己。

2. 自己对自己负责

真正厉害的人不是善于管理别人，而是能够管理好自己。管理好自己，就是对自己负责。做一个对自己负责的人是实现梦想的第一个根本原则。毕竟，内在的问题是无法靠外在的活动解决的，一个人的职责终究还须自己去面对。

很小的时候，父母就教导我们管好自己的东西，自己做的事情自己负责。但是很多时候，我们不愿意担责，并为这种行为寻找各种借口。比如，考试成绩不好，是"因为题目出得太偏"；打球输了，是"因为天气太热""队友不合作"；上学迟到，是"因为路上红灯太多"。成年后，我们还是经常为自己的不负责任开脱："我很忙""我没有时间""我真的很累"……

这些借口、抱怨，在心理学上是一种"心理防御机制"在行为上的"投射"，即：通过"投射"将自己遭受的困境、挫折和错误推诿和归咎于他人或客观原因，以此来维护自尊，减轻自身的焦虑和不安。

很多时候，不是我们视而不见，或是暂时逃避，问题就不存在。恰恰相反，不善于自我管理，不担起本应担起的责任，及时解决那些深层次的、内在的问题，问题只会越来越多，越来越复杂。

社会学家曾对婚姻破裂的家庭进行研究，他们发现了一个奇怪的现象：这些家庭有一些共同点，即不是刚装修了房子，就是刚有了小孩。为什么会这样？他们给出的观点是：原本，夫妇二人的注意力集中在一些他们必须共同解决或面对的问题上，如生活方式问题、情感问题、家庭收入问题等，因为房子或孩子的事情，他们不得不暂时"回避"这些问题。等他们有时间来面对这些问题时，发现问题还是老样子——感情没有变得越来越好，收入没有变得越来越多……大家都不想担责，于是推给社会、推给他人、推给孩子、推给对方。

记住，内在的问题是永远无法靠外在活动解决的，是你的职责，终究需要你去面对。在追求梦想的路上，能为自己负多少责，就能获得多少自由。所以，不要把自己交给别人，要学会对自己负责，勇敢地去承担每一个选择的结果。

（1）对自己的时间负责

很多人都说"最近很忙""时间太紧了"，既没时间陪伴家人，又没时间读书学习，更没时间运动，如果你问他都忙了些什么，他非但说不清在忙什么，还会一脸茫然地反问你："是啊，你说时间都去哪儿了？"

时间对每个人都是公平的，每个人一天都拥有24小时、1440分钟、86400秒。但是，每个人的时间价值是不一样的。为了更易量化，可以将薪资收入作为衡量时间价值的指标，如果你的月薪是1万元，那你1小时的收入大概是57元，这57元就是你1小时的价值。你可以将它作为你的时间成本。

当你脑海中有了"时间成本"这一概念后，你的时间管理意识会大幅提高。比如，你现在有2小时的空闲时间，它们价值120元，你可以用来打游戏、逛街，也可以用来独处，还可以用来学习、思考。你会怎么选？你可能会选择做对你来说更有意义或是价值更大的事情。反之，如果你没有"时间成本"意识，认为自己最不缺的就是时间，那你会怎么舒服怎么来，毕竟时间对你来说不值钱。

要做好时间管理，除了要有"时间成本"意识，还要学会制订一份有效的日程安排表，并严格执行。例如上班的时间、吃饭的时间、睡觉的时间，再具体划分每一段时间。需要注意的是，时间表不宜制订得太精细，否则会失去灵活性。

（2）对自己的感受负责

心理学中的ABC情绪反应模式很好地阐释了情绪的真相。其实，任何一件事情，它本身是中立的，它是不变的客观事实，变化的是我们的观点、立场、感受。当你对一个事实做出了某种解读，并认为它伤害了你，让你不痛快时，不是事情本身伤害了你，是你自己伤害了自己。

例如，遭受挫折和失败时，有的人觉得这是很正常的事情，而有的人则认为是自己的运气太差，认为"自己运气差"的人，往往会给自己施加较大的精神压力。这种压力不是来自问题，而是来自思维。

所以，对自己的感受负责，就是对自己的思维负责，对自己的思维负责，才不会与自己对抗，才能更好地接纳自己、管理自己。否则，不尊重自己的感受，不但会伤害自己，还会造成严重的心理内耗。真正的成长从不是用负面情绪绑架自己，而是懂得从负面情绪中看到自己成长的方向，懂得从负面情绪中生出正面成长的力量，这才是我们对自己感受负责的意义所在。正如一位作家曾说："如果情绪总是处于失控状态，就会被感情牵着鼻子走，丧失自由。"

（3）对自己的选择负责

即使只是为了生存，我们也不可避免地要面对各种选择，并为此做出努力。人生就像一条路，自己所做的每一次选择都是人生路上的一个岔道口，既然选择了一条路，就要学会坚持，学会负责，如果你觉得实在难，那就放弃，但不要抱怨。每个人都是通过自己的努力，来决定自己生活的样子。努力、坚持并付出，才能得到自己想要的生活。要么和自己的平庸握手言和，要么让自己的努力配得上自己的梦想。

总之，很多时候让我们感到无力的，不是事情本身，而是弱者思维——当你不敢、不想、不能对自己负责的时候，一定不会表现出强者的行为，更难以实现自我创造与自我成长，只有自己对自己负责，才能在更高的维度去善待自己的生命，追求自己的梦想。

3. 拥抱变化，打破常规

现在，你问 100 个人："如果你明天就失业的话，你有什么预备方案吗？"相信一多半的人会回答："没有！"事实上，大部分人的确没有做任何相关的准备。许多时候，不是我们无法看到一些变化，而是不愿意相信那些变化，更不愿意为之做出改变。

如果你不能提升自己的眼界、格局，以及拥抱变化的能力，那么面对一些来自外部的、新的变化定会措手不及。中生代，恐龙是地球上无可争议的霸主，然而，最终还是灭绝了。至于当时发生了什么，众说纷纭，但可以肯定的是：突如其来的环境变化让它们无所适从——要么适应，要么灭亡。最终，庞大的恐龙家族没能适应这种变故，从地球上消失了。

"物竞天择，适者生存"。任何时候，环境的变化都会眷顾最先适应它的人或事物，而不是那些认为能够改变环境的人或事物。个人的成长也是如此，只有敢于面对变化，拥抱变化，并不断打破成规，自我革新，才能在变化中坚守方向，在大多数人视为危机、灾难的变化面前发现新的机遇。

很多时候，我们无法决定将来会发生什么，也无法控制别人的行为，但我们可以控制自己的思维与行动。正如心理学上著名的费斯汀格法则所描述的那样：生活中的 10% 是由发生在你身上的事情组成，而另外的 90% 则是由你对发生的事情如何反应所决定。

在今天这样一个知识更新速度极快的时代，该如何自我管理，适应不断变化的生活、工作环境呢？下面是五点建议：

（1）定期罗列所有的重要事项

如果不清楚自己需要做些什么，或者没有将其以一种更为明确的方式全部呈现出来，那么工作很容易陷入一种自己也无法控制的状态。定期列出重要的事项，不但会使各类任务变得主次分明，而且容易把握工作节奏。当然，也有助于提升工作效率，避免因为一些变化或是新问题的出现导致工作陷入混乱。

（2）放弃多次尝试都做不好的事情

为什么要有"三百六十行"呢？因为人与人是不一样的，每个人都有自己的短板，也有自己擅长的领域。如果一件事情反复做，却总是做不好，就要反思：是不是自己的天赋不在此，碰到了自己的短板？如果这样，那就果断放弃。做自己不擅长的事，不仅难度会增加，而且成功的概率也不高。特别是在今天这个瞬息万变的时代，一定要顺着天赋做事，做与自身特长相匹配的事情，只有做到专业、极致，才有竞争力。否则，放弃了自己擅长的领域而去跟风，只能事倍功半。

（3）多总结同行的成功经验，吸取失败教训

多总结同行的成功经验，吸取失败教训，看哪些是自己需要借鉴和学习的，哪些是自己要极力避免的，在此基础上不断修正自己的目标、方法。在《鬼谷子·反应》中，有这么一段话："古之大化者，乃与无形俱生。反以观往，覆以验来；反以知古，覆以知今；反以知彼，覆以知己。"大意是：古往今来，那些非常厉害的人，都知道与道共生。他们懂得从过去吸取经验和教训，以便更好地发展。他们也知道从别人的身上吸取经验

和教训，从而避免不必要的损失，这样才会让自己立于不败之地。总的来说，学习和借鉴他人的经验与教训，可以让自己少走弯路。

（4）做好自己能控制的事情

拥抱变化就是拥抱不确定性，而应对不确定性最好的办法就是将自己可以掌控的事情做到极致。比如，很多人整天想着找一些兼职、副业赚钱，其实，他们的本职工作做得很一般。与其用闲下来时间做兼职，还不如提升自己，让自己变得更"值钱"。

（5）不要纠结已经失去的东西

有一位企业家曾说过这样一句话："传统行业如登山，只要你一直向上走，持之以恒，是可能登顶的；互联网有点像冲浪，一个浪打过来，你赶上就赶上了，赶不上就不是你的。"在追求人生理想的过程中，即便错过了大"浪"，还有源源不断的小"浪"正在涌来，所以，没必要为已经错过的东西纠结，要学会向前看，否则，你现在过得不好，将来也不会过得很好。

无论你承不承认，这个时代都在加速变化。生活不断变化，科技不断变化，商业环境不断变化，人们的社交方式不断变化。你能想象到的东西都在变化，甚至它们原有的运行逻辑正在发生颠覆性变化。跟上变化的最好方式，就是拥抱变化。想一想，你身边有没有因为跟不上时代变化的节奏而感到彷徨、迷茫的人？正因为害怕不能掌控未来，这个时代的每一个人都很努力，都在拼命地改变，不断地改变，否则，就会被这个时代无情地淘汰。

看到这里，相信你也有了很多思考，对"变"还是"不变"也有了自己的答案，现在，请你写下关于"拥抱变化"的一些感想吧。

4. 跳出心理舒适区

舒适区，是一个心理学概念，指的是在一定的感知和联想的范围内，个人或组织能有效地运作，不会出现不自在和困惑，或者说是一种能在生理或心理上感到自在的有限范围，是一种自我调节机制，或对不安的控制。

想一想，我们为什么偶尔会出现紧张和不安？原因很简单，我们被迫离开了舒适区。在现实中，每一个人其实是不愿意跳出现有的舒适区的，如果让你走出来，你可能会问："待在心理舒适区有什么错吗？为什么一定要走出来？"不可否认，在舒适区里，可以一直保持很放松、舒服的状态。但是，在瞬息万变的当今社会，你不可能一直生活在舒适区。

不少人都有这样的经验：在朋友、下属面前，自己说什么，大家都"愿意听"，你说话也鲜有顾忌，妙语连珠。如果是一个陌生的场合，在你毫无准备的情况下，有人突然把你叫起来，"给大家讲几句话，助助兴"，有多双眼睛盯着你，你还能张口就来吗？这时，你可能会有些拘谨，不仅放不开，甚至巴不得有人给你递上一份讲话稿。

为什么反差如此之大？

因为一个在舒适区，一个在非舒适区。当一个人面对熟悉的环境、熟悉的朋友，并对身边的事物有一定的掌控力时，他几乎不会焦虑。相反，当面对的环境、人完全变化时，他会因此感到焦虑，会感到些许的不自在，且很在意别人的评价。

当然，舒适区是相对的，也是可以改变的。比如，你刚来到一个全新的工作环境，肯定感觉有些不适，但是过一段时间，工作上手了，和同事熟悉了，你会"感觉还不错"，再过一段时间，你完全融入了工作，做事驾轻就熟，同事关系融洽，你很享受这种工作氛围，这说明你已经进入了新的舒适区。

这里的"舒适区"，指的是心理舒适区。跳出舒适区，并不是指"辞职""创业"，或是做一些看起来很刺激，并且有一定风险的事情，而是改变"躺平"的心态。

有人说："为什么要改变呢？你看，我'躺平'了，多舒服呀。""躺平"了，也许很舒服，但是，你会因此变得脆弱，并逐渐失去对自我的掌控力，这绝非危言耸听。有一天，当你感觉躺着都不舒服时，想起身换个姿势，或挪个地方，会发现世界如此之大，而真正属于你的世界竟如此之小。为什么？因为你一直活在舒适区。

那么如何走出舒适区，不断拓展自己的人生边界呢？

（1）不断突破自己设定的界限

每个人对未知的事情都有一种莫名的恐惧，为了避免自己受到伤害，常常不去触碰自己不了解的人或不熟悉的事，久而久之，自己的领域泾渭分明。但这不是我们自我设限的理由。故步自封不是人生最好的状态，舒适区也不是人生的梦想。只有不断突破自我，做出更多尝试，才能更好地适应新的环境。要知道，人生最好的状态，不是在狭小的空间孤芳自赏，而是在无限可能中自由行走。

（2）在适应的基础上不断改变

在今天这个智能化的时代，我们所处的环境瞬息万变。一个人如果长时间处在安逸的环境中，对他的成长非常不利。正如孟子曾说："生于忧患，死于安乐。"只有尝试跳出自己的舒适区，在不断适应的基础上勇于做出改变，才能实现自我成长，才能遇到更好的自己。

（3）尝试站在舒适区的边缘

100 多年前，心理学家耶克斯和多德森通过实验发现，焦虑水平和表现水平的关系呈倒 U 型曲线。在实验中，当老鼠的焦虑水平很低时，表现水平也很低；当它们受到刺激，焦虑水平不断提高时，表现会越来越好；在某个特定的焦虑水平上，老鼠会有最佳表现。如果超过这个焦虑水平，老鼠的表现会越来越差。

后来，研究者将能够激发最佳表现的焦虑水平称为最佳焦虑：它是一种有效率的，让人充满创造力的不适状态。与焦虑水平较低的舒适区相对应，将处在最佳焦虑水平的状态称作"最佳表现区"，而将焦虑水平过高的状态称作"危险区"。无论是过于舒适还是过于冒险，都不利于激发人的创造力。

所以，我们既不要完全退缩在舒适区里，也不要过于冒进，可以尝试站在舒适区边缘，让自己一直维持"最佳焦虑水平"。这样，就会不断扩大现有舒适区，从而实现持续成长。当然，每个人对压力的承受能力不同，应对压力的方式也不同，所以，最佳焦虑水平因人而异。

第三章　定义自己

无论何时，只要可能，你都应"模仿"你自己，成为你自己。

——马克斯韦尔·莫尔兹

1. 为什么要定义自己

你或多或少曾想象过这样的画面：自己事业有成，生活顺心，无论出现在哪里，都是大家关注的焦点。当然，你一定很享受这种感受。

事实上，即便你真的很成功，那是否一定是大家关注的焦点？其实不然，很多时候，你认为自己重要，或是觉得自己更受关注，只是"你觉得"，或是你的直觉高估了自己，这就是心理学中所说的"焦点效应"。

焦点效应不只体现在我们对穿着、外表的认知上，也体现在情绪、思想、情感上，进而引发了"透明度错觉"。这又该如何理解呢？错觉，是我们认为对方很容易觉察我们的情绪，比如，你今天心情很好，你认为大家都能觉察出来，事实上，由于你平时习惯板着脸，大家没觉得你今天有什么特别，是你的错觉欺骗了你。

无论是焦点效应还是透明度错觉，都说明了一个重要问题，那就是一个人对自我的认知会影响他的行为，以及他对周围世界的认识。这就是现代心理学很重视"自我"的原因。

要理性地认识自我，先要对自己有一个正确的定义。很多人没有"定义自己"的概念，也缺少这方面的思维，经常率性而为。不定义自己的人没有方向感。很多人之所以一生很努力，仍然会在某一天感觉自己碌碌无为，一事无成，就是因为他们没有从根本上去思考"自己是怎样的一个人""自己这一生能做什么"等。

一个人从小学到初中，再到高中、大学，一生中约三分之一的时间在与同学、朋友交往，他所接触的世界会影响他对整个世界的认知。但是，由于每个人的家庭、经历、工作、生活、受教育水平等不同，彼此之间的差距会越来越大。这个时候，有人就会产生这样的疑惑：

"凭什么他行，我就不行？"

"不过如此，我也可以尝试。"

"他的运气好，我的运气差。"

原本以为自己找到了问题的根本，结果呢？因为自我认知跟不上，而徒增一些不必要的烦恼。为什么这样说呢？因为，来自生活、工作中的大多数烦恼都与我们对自己的认知、定义有关。如果你认为自己很厉害，在某些方面比别人强很多，但大家不这么看，你的烦恼就油然而生。事实上，你真的很强吗？未必，也可能是你认为自己很强。

在追求梦想的路上，很多人会犯这样的错误，眼高手低，经常认为自己很行，结果高估了自己，于是找一大堆借口与客观理由来搪塞，就是不从自己身上找原因。为什么？因为他们没有定义过自己，或是没有正确地定义自己。正确地定义自己，做事才能知深浅，并把握原则，拿捏好尺度。

2010 年以前，我在用友集团下属公司做副总经理，当时我的名字叫"李电波"。这个名字在客户看来有点特殊，也容易被记住。当然，也有客户会好奇为什么起这个名字。我对它的定义是：为客户服务时时刻刻，为朋友永不消失，为家人照亮，为自己注入能量。一句话，就是让服务像"永不消失的电波"。

在 2010 年 2 月某一天清晨，我从恍惚中醒来，开始莫名地思考："我究竟是谁？我为什么要叫李电波？我到底在干什么？人就这么活一辈子吗？"接下来的几天，我一直被这些问题纠缠，却找不到清晰的答案。直到一个月后的某一天，整个人才如梦初醒。那天，我拒绝了同事的盛情挽留，正式离开管理职位。对于我的这个举动，很多人不解，满脸疑惑。

我之所以果断做出这个决定，是因为那一刻对"我"有了深刻的认知，对自己有了更明确的定位。从那之后，我的角色发生了转变——从一家公司管理者转变为培训讲师。不久，用友大学做了一个精品课程的内训师培训班，我有幸被邀请参加了这个课程的学习。之后，我被分配到天津和河南分公司授课。在此之前，我从来没有讲过课，这次一讲就是两天，而且要面对那么多人，开始我很紧张，只能强作镇静。后来，我逐渐放松下来，表现超乎我的想象，而且得到了公司上下及学员的大力认可。从那之后，我更加坚定了自己的选择，并重新定义了自己：要做一名受人尊敬的讲师，将自己 14 年的营销经验和管理经验进行沉淀，结合先进的营销理论和管理理论，研发出精品课程，去帮助别人成长。

其实，作为讲师，在帮助别人的同时，也在提升自己。

谈到定义自己，很多人会错误地认为，定义自己就是"标榜自己""拔高自己"，比如，有的人习惯为自己冠以各种头衔，"公司董事长兼总经理""资深顾问""某某大学客座教授"等，以为这样高大上，并可以为自己赋能，其实是假大空，于自己真正想做好、做成的事无益。所以，这不是真正地定义自己。

在自我定义的时候，要特别注意自身内在的东西，总结起来，关键有三点，即自我图式、自我参照，以及可能的自我。

自我图式是指个体在以往经验基础上形成的对自己的概括性认识。比如，你觉得自己的强项是演讲，那你更容易注意到周围具有同样特质的人。也就是说，人们更容易记住对他有意义，或者他比较了解、擅长的事物。

什么是自我参照呢？在了解这个概念之前，先来做一个小实验：在你的记忆中，让你印象最深刻的是什么？无论是什么内容，它都一定与你有关。这就是自我参照效应。自我参照效应可以阐明生活中的一个基本事实：我们对自我的感觉处于我们世界的核心位置。在现实生活中，由于我们倾向于将自己视为世界的中心，经常会高估别人对我们行为的指向程度。

可能的自我，顾名思义，是指我们可能会成为什么样子，这是自我定义时必须考虑的一个因素。可能的自我可以是成功的、积极的，也可以是失败的、消极的。当然，我们要选择积极的自我，这会激励我们向着憧憬的梦想不断努力。

神经语言程序（NLP）大师罗伯特·迪尔茨曾提出了著名的"逻辑层次"理论，如图1-1所示。逻辑层次的意思是：一些过程和现象是由其他过程和现象之间的关系产生的。任何系统都是另一个系统内部的子系统，而另一个系统本身，又是更大系统中的一个子系统，以此类推。由于这种系统之间的关系，在不同层次上产生了多项活动。

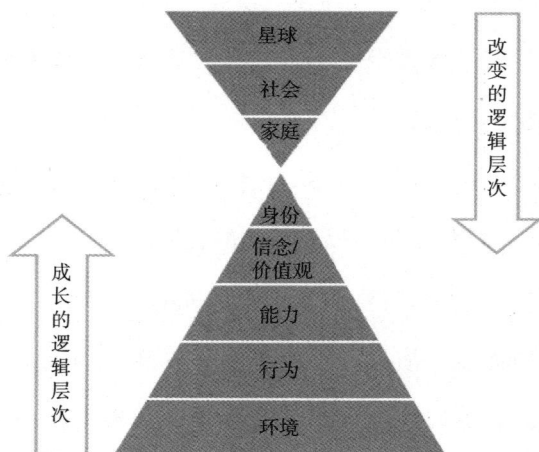

图 1-1 罗伯特·迪尔茨逻辑层次理论

罗伯特·迪尔茨的"逻辑层次"参照了格里高利·贝特森的学习和改变的逻辑层次。高层次上发生的改变将向下"辐射"，从而在低层次上产生相应的改变。在低层次上可能发生的变化，未必会影响高层次。这些层次从高到低包括：身份、信念/价值观、能力、行为、环境。其中，环境、行为、能力称为低三层，也即我们能够意识到的层次，信念/价值观、身份称为高三层，也就是潜意识层面。当然，在"身份"之上还存在"精神"层次，它超越一个人的身份之上，使人归属于一个更大的系统。

在我们打算改变较低层次时，如果先改变更高一层，效果往往会更好。同时，在思考低层行为习惯时，也要学会站在更高层级来看待导致低层行为习惯产生的根本原因。

总之，在成长与逐梦的过程中，人要学会理性地定义自己，不断地修正内在的自我评价系统，客观评估自己的学识、能力、修养等，让自己更知性、务实、稳健，有远见和洞察力。同时，也要注意外在的评价系统，即自己的行事风格与方式可能带给他人的体验与感受。

2. 信念决定了你是谁

我们的心态以及对外界的行为反应，其实与我们的信念息息相关。如果你觉得这个世界很糟糕，你的思想和心态就会变得更糟糕。因为你的大脑认为"这是对的"，并促使你用糟糕的行为反应去面对外界。如果你觉这个世界很好，那么大脑也会认为"你是对的"，然后潜移默化地促使你的心态和行为去适应这种观点。正如一句话所说："无论你相信什么，你都是对的！"这就是信念的作用。

所谓"信念"，就是坚定不移地相信某人或某事存在，或某事是真实的一种心理与精神状态。它是人类引导自我前行的本因。一个人的某个信念不一定正确，但当他坚信这种信念时，会无意识地寻找证据或其他经验来证实和强化这种信念，很少会质疑或思考这种信念的有效性。这种现象体现在我们生活的方方面面。这就是面对同一件事，不同的人会持有不同的观点、立场的根本原因。

比如在学习外语方面，如果你觉得自己一定能够学有所成，并始终保持这种信念，你会持续学习下去，并取得长足的进步。相反，如果你认为学习外语太难了，自己欠缺这方面的天赋，你可能一遇到困难就会停下来，结果真的如你所想："学外语真的很难，我不想学，也学不会。"同样是学习，不同的信念导致不同的结果。可见，如果你的信念出了问题，在事情未开始之前，你就输了。

当然，有些信念是"根深蒂固"的，不是想改变就可以改变的。想要更好地优化你的信念，你首先要知道你当前那些不良的信念是怎么来的。对大多数人来说，他们的一些信念在很小的时候就已经形成了。比如，很多家长为了展示孩子学习有多么努力，或者为了体现自己多么"教导有方"，便会经常拍一些孩子正在学习、思考的照片发到群里。

在拍照的那一刻，孩子真的在全神贯注地学习吗？如果是真的，固然很好，如果只是为了彰显某种优越感，而刻意去"抓拍"孩子，那么时间久了，无形中会给孩子灌输一种信念：原来这么做可以获得别人的关注和赏识。在孩子成长过程中，这种信念会一直伴随他。

其实，我们的很多信念都是这么产生的，即：在某些特定的环境中，我们会对自己反复听到的、看到的、感受到的事物进行总结，并从中发现一些规律性的东西，这些东西最后会固化关于自己、他人和周围世界的信念。

比如，有的人能力很强，但是遇事总是缺少自信，这是因为从小经常被父母责骂、批评，逐渐形成一种做事瞻前顾后的心态。如果父母经常用正确的方式去指导他、教育他，那么即便他没有过人的天赋，也会积极地面对一切。

正因为每个人都坚持自己的信念，都是从自身的经历出发，一个基于"认知的感觉"的人，是很难与基于逻辑的人进行有效辩论的。从这个意义上说，一个人的信念是什么决定他会成一个什么样的人。我们可以把它简单地理解为"Be-Do-Have"，也就是信念—行为—结果。有什么样的信念就会产生什么样的行为，有什么样的行为便有什么样的结果。信念决定行为，行为决定结果。任何伟大梦想的实现，都是先有信念，再有行动，最后才有结果。

实现梦想不仅需要努力拼搏，更需要坚守信念。成功者之所以成功，是因为他们总是以积极的信念支配自己的人生。有一副对联很有意思。

上联是：说你行你就行，不行也行；

下联是：说不行就不行，行也不行。

信念就是这么一种神奇的力量：你认为你行，你就能行，你认为你不行，那就真的不行。无论逐梦的道路多么坎坷，信念始终是力量的源泉。一个人没有信念，就如人没有脊椎一样，不能挺立于世间。而有信念的人，他会不断确定、追求自己的人生目标，然后坚持不懈地走下去。

每个人的行为背后其实是根植于内心的深深的信念。成就你的是你的信念，让你跌倒的也是你的信念。关键是，你的信念要足够积极、足够稳定，能够经得起时间的检验。

3. 消除限制性信念

我们先来看一个耳熟能详的故事：

一头大象静静地站在园子里，被一根细细的绳子拴在地上，很多人都说："大象不需要多大的力气，就可以挣脱绳子的束缚。"但大象始终没有这么做，只是静静地站着，为什么？因为在很小的时候，管理员就用这根绳子拴着它。如今它虽然长大了，依然认为那根绳子足以拴住它，因此没有想挣脱的想法。

看到这里，你已经明白了：拴住大象的不是绳子，而是它的"限制性信念"。同样的道理，很多时候束缚我们手脚，限制我们执行力的，并不是外界的苛刻条件、环境，恰恰是植根于我们内心的限制性信念。

什么是限制性信念呢？简单来说，就是阻碍你做出行动或是改变的念头。比如，我们一再被教育在某件事情上应该怎么做，不应该怎么做。当我们遇到这样的事情时，便会产生限制性信念："哦，这件事情不可以这样做。"

我们经常说的"改变观念"，其实指的是改变一些限制性信念，毕竟，世界在变，环境在变，过去认为对的观点、做法，会随着时间与环境的变化而变得不合时宜，甚至变成错误的。但是，现实生活中总有一些顽固的人，他们不但会坚守但有观念，也不容许别人触及它们，并且一直用这些观念来指导自己的行为，久而久之形成一套固有的行为模式。

在生活中，常见的限制性信念有三类，它们对一个人的身心发展有重要影响。

（1）无望

无望，通常认为"无论自己怎么努力，都无法实现既定的目标"的信念。当你不相信自己有能力实现某个目标时，通常会体验到无望。它给人的主要感觉是，"无论自己如何努力都没有用，我想要的终究得不到，它们不在我的掌控范围之内"。

比如，有的人经常认为自己的能力被低估了，感到有些委屈，无论在哪里，都是干一段时间就离职了。真的是能力被低估吗？不尽然，一次两次，还可以说得过去，三年换了十份工作，理由都是"自己的能力被低估"，那就有些牵强了。他为什么会产生这种观念呢？因为他预期自己会在某个时间点被重用，或被提升，结果没有，希望落空了，于是心生失落，认为自己被埋没了，这种观念会促使他做出离职决定。

（2）无助

无助，通常认为"虽然目标是可以实现的，但是自己缺少相应的能力"的信念。当一个人相信他追求的目标是现实的，也是有可能达成的，但是他又不相信自己具有相应的能力时，会体验到一种无助之感。

我时常听到身边的一些讲师、教授说："现在的学生，真是一届比一届难教，'问题'学生也越来越多。"据我的观察，不是学生有问题，是老师的观念没有跟上。我的切身体验是：作为讲师，应该感谢遇到的每一个"问题"学员，他们的"问题"其实也是一种教育资源。

所以，我从不抱怨学员难教，因为只有遇到了"问题"学员，才有机会思考和实践，并帮助他们成长，当学员取得了进步时，才有机会真正成长，并成为培训专家，美好人生目标才会真正实现。说到底，这还是信念问题。

日常生活中，我们感到无助的时候，很可能是限制性信念在"捣鬼"。这时，我们不要强行自己去"搞定"一些事情，而是要花些时间研究一下自己，看自己的一些信念有没有扭转过来。

（3）无价值感

无价值感，通常认为"由于你做了某件事，或者你的某种身份，因此你不值得追求某个目标"的信念。当一个人坚信自己有一定能力去实现某个目标，但是，他又觉得自己"不配"这个目标时，就会体验到一种无价值感。无价值的核心感觉是："我没有很好的背景。"

在发现自己拥有某种限制性信念时，如何有效地消除它们呢？关键要把握以下五个步骤。

第一步，确认你的限制性信念是什么。找一张纸，把你存在的限制性信念写下来。它们可以是"我没有能力""我没有钱""我口才很差""我经验不足""我比较内向"等。总之，把你能想到的都写下来。

第二步，举出反例。从写出的限制性信念中挑出一条，然后找出具体的案例来推翻它，案例可以是自己的，也可以是身边人的。比如，"我的性格内向"，为了推翻这个信念，你可以想象一下，你和朋友、同学等在一起畅聊的场面，当时，你看上去不是一个内向的人，而是一个敢于表达自己，也乐于表达自己的人。这样，你就会发现："原来这个信念也是有漏洞的"，这样的例子越多，你动摇这个信念的机会就越大。当然，你想了半天，还是想不到相应的案例，那就继续下一步。

第三步，认真想一想，这些信念对你产生了哪些负面影响。比如，它们是否让你坐以待毙，错失了实现目标的良机；它们是否给你的社交带来了一些困惑；它们是否给你的生活带来了一些烦恼等，把它们写下来。现在，请你闭上眼睛，再次想象那些信念带给你的烦恼。

第四步，寻找信念产生的根源。你可以挖掘记忆深处并不断探寻：是过去经历的某些事情，让你产生了怎样的信念，还是特定的生活环境使你对某种现象产生了一些固有看法等。比如，你喜欢写作，也一直认为自己的文笔不错，但是有一次，有人不留情面地说："说实话，你这文笔太差了，确实不适合搞创作。"你心头一紧，认为对方不懂得欣赏。后来，又陆续有人表达了同样的观点："你的文笔功底不够。"你会因此怀疑自己："我真的有这么差吗？"于是，你先前的信念就会动摇。想一想，你有没有类似的经历。如果有的话，尽可能唤起当时的感觉。

第五步，给你的信念赋予新的内涵。在找到限制性信念产生的原因后，要赋予它新的意义或内涵。如果大家都说你不适合创作，你不必纠结这件事，你可以对他们的这些观点做出一些新的解释。比如：

"大家为什么这样说，我很想听听问题出在哪里，我好改进。"

"可能我的写作风格不被他们喜欢。"

"我相信自己会越来越棒，他们的意见对我是一种鞭策。"

同一件事情，从不同的角度理解，或是赋予它不同的意义，会让我们产生不同的心态。所以，要多从正反两个角度看一些限制性信念。

经过上述几个步骤，你发现原来的一些限制性信念逐渐会被淡化，与此同时，新的观念正在形成。在适应新的变化和解决问题时，不断用新的观念挑战、替代旧的观念，这意味着你的人生开启了螺旋式上升模式。其实，这也是一个人成长的常见模式之一。

4. 建立积极的自我形象

每个人看待自己的方式都不相同。有些人非常自信，认为自己很优秀，很有能力，而有的人不那么自信，认为自己不够完美。这就像照镜子时，有人会看到自己美好的一面，有人更注意自己的缺点。无论一个人如何看待自己，最终都会在头脑中形成一种自我形象。它涵盖诸如智力、吸引力、才能、善良和其他特征。

什么是自我形象呢？简单地说，就是一个人对自己的想法、观念或心理形象。一个人的自我形象与他如何看待自己的内在和外在有关。

很多人容易混淆自我形象和自我认知的概念。这两个术语非常相似，但是它们有一个重要的区别：自我认知是一个涉及面更广的术语，涉及你如何看待、思考和感觉自己，而自我形象是自我认知中的一部分。当然，自我形象不等同于自我认同。自我认同是一个比自我形象更广泛、更全面的术语。其中，自我形象是具体的。

为什么自我形象很重要呢？因为它会影响我们对自己的看法，以及他人对我们的评价，甚至影响我们对周围环境的感受。因此，它对我们的生活产生广泛的影响。通常，积极的自我形象有助于促进我们的身心健康，而消极的自我形象会降低我们的幸福感。

你可以有积极的或消极的自我形象，你甚至可以同时拥有这两种形象。当你把自己看作一个有吸引力的、有魅力的、聪明的或快乐的人，这表明你正在表现积极的自我形象。即使在某种程度上，你觉得自己没有达到理想的自我，你也会因为自己拥有这些愉悦的感觉而不会消极。也就是说，当你拥有积极的自我形象时，你更容易接受自己的弱点、缺点和局限性。

通常，消极的自我形象是指你对自己的看法很差。消极的自我形象与我们认为自己在某种程度上没有达到理想的自我形象有关。在消极的自我形象中，你往往更关注自己的缺点和弱点，而且你很难接受它们。比如，你看到镜子里的自己头发稀少，皮肤没有光泽，整个人精神气质很差，你多少会感到消极。当然，你可能会认为自己缺少魅力，不够聪明，或者生活得不快乐而拥有消极的自我形象。

无论你拥有怎样的自我形象，它都不是一成不变的。在生活中，我们总是通过一些事情来不断地进行自我评估，进而来调整自我形象。比如，你的体重是180斤，是个十足的胖子，因此，你对自我的评价很差。但是为了减肥，从某一天开始，你严格要求自己，并坚持每天锻炼2小时。结果，体重一个月减了5斤。你因此看到了变得健康的希望。这时，你对自己的评价开始上升，即自我形象开始提升。3个月后，你的体重减了20斤。一年后减了40斤，达到标准体重。这时，你先前消极的自我形象则不复存在，取而代之的是积极的自我形象。毕竟通过减肥，你不但拥有了很好的体型，而且看到了自己的毅力、决心。

同样的道理，如果你不注意饮食与生活习惯，本来拥有很好的身材，结果不到一年时间，体重就从140斤增到180斤，给人的观感很差不说，质地、款式再好的衣服穿在身上也毫无美感。即便你很乐观，相信你的自我评价也好不到哪里。

通过上面这个例子可以看出，自我形象是可以相互转化的。为了让自己尽可能拥有积极的自我形象，下面给出一些实用的方法。例如，可以练习某些技能，因为当我们学习和成长时，我们会认为自己有相应的能力或天赋，这时，我们的自我形象会朝着积极的方向改变。又如，可以多和经常支持你、鼓励你的人交往，这样你更容易树立积极的自我形象。再如，尽量正面描述自己的形象："我是一个有个性的、优秀的也受人欢迎的人。"这样的语句可以多写一些。

积极的自我形象是成功的一大秘诀，心理学家研究表明，自我形象与个人心理、精神上的观念越来越成为左右个性和行为的关键。很多时候，我们都没有意识到自我形象的重要性。从现在开始，我们要学会建立、重塑积极的自我形象，承认和欣赏自己的价值。

积极的自我形象可以提升自尊。什么是自尊？自尊是自我形象的内在表现，中外对自尊的定义不同。《现代汉语词典》对"自尊"的解释是："尊重自己，不向别人卑躬屈节，也不许别人歧视、侮辱"。而"自尊"概念的提出者布兰登认为，自尊是认为自己在经历中有能力对付生活的基本挑战，并有资格享受幸福的一种气质。这在某种程度上代表了中外对"自尊"的不同理解。

在现实中，很多时候，我们的自尊来自自我评价，即"我是一个什么样的人"。当自我评价较高时，即便自己职位很低，或是事业不顺利，抑或被他人误会，依然能够保持积极的自尊。相反，如果自我评价较低，会降低自己的自尊，这是因为我们是用自己的想法来判定自身价值的。在了解这一点后，我们应想方设法消除脑子里消极的自我评价，将自己视为"一个重要的和有价值的人"，并把它作为自己的断言。从这个意义上说，建立积极的自我形象，须先从提升对自己的评价及自尊开始。

第二部分
心智转化：我愿意快速地变化

第一章　以终为始

物有本末，事有终始，知所先后，则近道矣。

——《礼记·大学》

1. 从以始为终到以终为始

很多人时常会思考这样的问题：十几年后，自己会在哪儿？将来会在哪个行业工作，过着怎样的生活？工作和家庭是什么样子的？的确，我们每天按部就班地生活和工作，很少会抽出时间来认真思考自己的未来，因为没有这样的思考，只专注于当下，甚至会为应做出怎样的选择而纠结。

其实，只要你能看到自己的梦想，知道自己将去往何处，终点在哪里，现在的很多问题都不复存在。例如，很多团队的领导都喜欢开会，却没有明确的议题，结果大家讨论了半天，仍不知要解决什么问题。换个角度看，为了解决某个问题而开会，效率显然要高得多。类似的情况有很多，它说明了什么问题？说明做事也好，思考问题也罢，既要有解决问题的态度，又要有明确的方向，而不可以脚踩西瓜皮——走到哪里算哪里。对一个人追求梦想的人来说，就是要以终为始。

什么是以终为始？

以终为始，在史蒂芬·柯维的描述中，即任何事的形成过程分为两次创造，基于心智的第一次创造和基于实际的第二次创造。我们可以将基于心智的第一次创造的"终"，视为基于实际的第二次创造的"始"。

要做到以终为始，必须转换自己的思维：在采取行动之前，先用心智创造结果———一个你看得到，通过努力也能够到的结果。事实上，以终为始是由两个层面构成的：一是心智层面，即在脑海里构思；二是实践层面，即在实际中行动。直白地说，就是先确定目标，再做好计划，然后用目标与计划指导实际行动。

不只在生活、工作、学习中要学会以终为始，在做两难选择，或面对各种考核指标及任务时，也可以适当考虑以终为始的原则。当然，在人生目标的选择上，以终为始能为我们提供更好的指导。

与"以终为始"对应的是"以始为终"。它们有什么区别呢？以始为终，大意是在做任何事情之前，都要以最终的目标为出发点。简单地说，就是有多少资源，有多大的能力，就办多大的事，是一种被动的人生态度。以终为始，是一种积极主动的人生状态，它是围绕着自己的梦想去行动。

在现实中，大多数人都秉持以始为终的人生态度，自己会干什么就干什么，能干什么就干什么。一个以终为始的人，他会围绕目标、梦想来寻找各种资源，创造各种条件。比如，他在专业方面有欠缺，但是他会去寻找相关的人才，来弥补自己这方面的短板。也就是说，我有梦想，虽然我什么都没有，但是有人帮我实现。如果你不把自己变成这样的思维方式，你会发现，你会什么，你就干什么。直白地说，对以终为始的人来说，虽然我什么都不在行，但我可以实现梦想啊。凭什么？就凭我可以带团队，可以整合资源，可以弥补自己的短板……

在职场中，我们经常见到这样一种现象：某公司的高层领导，没有耀眼的学历，没有出众的外表，你拥有的他可能都没有，但公司偏偏让他坐在那个位置，而不是你。你不服："我有目标，我有梦想，你得让我来坐这个位置啊。"可能吗？不可能。为什么？因为你能做到补他的短板，但做不到让别人来补公司的短板。说到底，就是要具有以终为始的思维，即你心中一定要有那个"终"，你才知道应该怎么"始"，这样才能整合一帮优秀的人，为了一个共同的梦想而努力。

对个人而言，在逐梦的路上如何做到以终为始呢？要做好以下三件事。

（1）要有清晰的目标

对于个人而言，目标就是人生使命，就是梦想；对于企业来说，目标就是愿景；对于项目来说，目标就是成功的标准。很多人在面对复杂的环境时，常常会迷失自己，没有明确的目标。

（2）把握基本的原则

有了目标之后，还需要设计并把握一些基本原则。也就是为自己定规矩，什么事能做，什么事不能做，一定要心中有数，尤其不能随性而为。比如，罗振宇每天早晨会推出 60 秒语音，当时，有人建议改成 5 分钟或是 10 分钟，也有人说改成 30 分钟更好。结果呢？始终是 60 秒，因为这是他的原则。

曾经，我也有一个习惯，就是讲课时偶尔会超时，我认为多讲一点，讲深一点，没有什么不妥。后来，我发现这其实是一个不好的习惯。于是，我为自己定了一个原则：用尽可能少的时间，讲最深刻的知识。在授课时我尽可能让自己的语言更精练，尽可能尊重大家的时间。有一些学员私下问我："李总，你讲得很好，为什么每次不多讲几分钟？"我说，在规定的时间内，该讲的一定要讲完、讲透，如果做不到这一点，就是我的问题。在避免这些问题的同时，我尽量做到尊重大家的时间，让大家的每一分钟都更有价值，这就是我的原则。学员非常理解、认同我，他们听课更积极、更专注。由此，我也感受到了原则的重要性。

（3）制订可行的计划

在确定目标和方向后，要根据相应的原则制订自己的计划。比如读书，首先，你要明白你为了什么而读书，想要通过读书收获什么；其次，是基于什么准则、原则让你这样去做；最后，如何开始你的读书计划，实现有序推进。目标先行，做有准备的前行者。

在日常生活中，我们会面对很多事情，但大体上可分为两种，一种是短周期的事情，比如出门旅行、写作和演讲等；另一种是长周期的事情，比如职业规划、人生目标、创业等。不管是短周期的事情还是长周期的事情，都需要制订可行的计划。

综上所述，虽然"以始为终"和"以终为始"只是"始"和"终"的位置发生了变化，意思却大相径庭。无论做什么事情，在以始为终的基础上，要学会以终为始，因为以终为始不仅会给你带来强烈的方向感，还会让你用更宏大的视角，用全局的思维去看问题，而不只局限于眼前的事物。

2. 跳出常规，逆向思考

在信息技术高度发达的当今社会，我们学习的渠道、获得的信息、懂得的道理越来越多，为什么仍有很多人走不出自己的小天地，生活在迷茫与困顿中？

因为心智！许多时候，不是他们不够努力，而是习惯于做正向选择——在问题面前，经常循规蹈矩地得出"理所当然"的答案。受这种思维习惯的约束，就很难把一些事情看得通透。也就是说，我们习惯正向思维。

所谓正向思维，即根据事物发展的进程进行思考，是一种由已知推测未知，并揭示事物本质的线性思维方式。其逻辑是：因为甲，所以乙。

生活中，优秀的人不但善于正向思维，也善于逆向思维。逆向思维是相对于正向思维而言的，也叫求异思维。简单来说，即"反其道而思之"，就是打破习惯束缚，从已成定论的事物、现象、观点出发，反过来进行推理、思考的一种特殊的思维表现形式。

比如，选专业、选伴侣、选工作，做正向考虑，就是想"自己应找什么样的"，如果反向考虑，就是"哪些是自己不想要的"。如果选项不是很多，正反两面想一想，做出的决策更优。

如果选项很多呢？比如，很多人都有实现财富自由的梦想。具体怎么做？方法太多了。常见的方法就是：进行一笔风险投资。当然，肯定会有人告诉你：赶快去学一门理财知识吧。但学习理财可不是一件简单的事情，你还不知道怎么开始。这时，你可以逆向思考，阻碍我们实现财富自由的事情有哪些呢？

如此一来，思路便被打开了，例如，经常玩游戏、刷短视频是阻碍；经常做白日梦，或是干脆"躺平"也是阻碍；经常吃喝玩乐当然更是阻碍……你将这些不能做的事情列出来，然后像躲避瘟疫一样躲避它们。然后从剩下的选项中，选择自己该做的事。这样一来，你就离梦想更近一步。

所以，对一个上进的人来说，如果暂时没找到方向，不知道该做什么，不妨逆向思维，问问自己不该做什么。

心理学中有一个经典的实验已经证明，大多数人倾向于从正面思考问题，而忽略了反面入手可能会使问题得到更好的解决。那么，这个实验是如何进行的呢？

先给被试者看四张卡片，卡片如下：第一张正面是数字 1，背面是字母；第二张正面是数字 2，背面是字母；第三张正面是字母 b，背面是数字；第四张正面是字母 a，背面是数字。

被试者只可以看卡片的正面，然后被告知："偶数后面是原音字母。"并让他们思考这句话是否正确。他们可以翻开四张卡片中的任意一张或几张，当然，翻看的卡片数要尽量少。

在测试中，大部分人会翻开第二张卡片和第四张卡片。其实，这个选择是错误的。正确的选择是：翻看第二张和第三张。但是，很少有人会这么做。这是为什么呢？因为大多数人都习惯正向思考问题，忽略了问题的反面。翻看第三张卡片就是从反面思考。

经验告诉我们：固化的定向思维、传统思维和惯性思维，并不是在所有情况下都是科学、正确、高效的思考方式。在某些特殊情况下，顺向走不通，就从问题的对立面思考，以便独辟蹊径，突破"瓶颈"。

在现实中，逆向剖析问题时应掌握以下几个技巧：

（1）建立初始假设

我们思考某种现象时，为了更好地解读获得的相关信息，先要基于某种现象做一个初始假设。

例如，明天是假期，如果我们有出行计划，通常会做这样的初始假设：明天走 A 高速公路，但早高峰会堵车。与其堵在路上，为什么不选择其他线路呢？有了这个假设，接着，我们就可以据此进行判断，并制定解决问题的方案。

当然，在完善方案的过程中，我们需要不断地搜集相关资料，随着对信息了解程度的加深，初始假设可能会被修改。也就是说，在最终方案确定之前，需要不断地修改初始假设。这一步骤有点像反向推理，即用所掌握的已被证实的可信资料，来反向修正初始假设。例如，得到可靠的消息是：B 高速逢节必堵，一般早高峰会堵 2 小时，早上 9 点后，堵车现象会明显缓解；A 高速的车辆明显更多，堵车时间更长，10 点后才会有明显好转。根据这两条信息，我们可以修正之前的假设为：明天最好 9 点后走 B 高速公路。

在建立基本的初始假设，并根据所获得的信息对假设进行修正后，还要提出一些相应的问题，例如：

这些假设是否合理呢？

目前所掌握的信息是否足够充分？

基于这些信息的推理是否存在问题？

除此之外，还有哪些更好的方案？

在回答完这些问题后，你会发现，自己的思路变得更加清晰，对问题的判断也更加准确，而且这种判断是基于理性的。

（2）解读看到的信息

解读，从字面理解，就是理解信息要传达的真实含义。这里，特别要强调"理性"，即在解读某条信息时，需要遵循相应的规则，不要带有某种偏见，不可掺杂个人习惯与喜恶，尽可能实事求是。也就是说，要让理智先于情绪，而不是情绪先于理智。

事实证明，在没有规则限定的情况下，人们更愿意通过自己的情感意志对外界进行一系列主观解读。在大脑中，杏仁核和前额叶分别掌握情绪和理智的区域。但是，由于传输信息的神经回路，有一条快捷通道接驳杏仁核，因此，当我们感受到外界的刺激时，我们的情绪会先于理智做出相应的反应。

有时，这种机制也是一种自我保护程序。比如，当我们全神贯注地做一件事情的时候，突然受到惊吓，这种外界"刺激"会让我们"精神一振"，并伴有恐惧的情绪，所以，这种机制会使我们特别留意外界的危险。

而有些情况下，这种机制会让我们做出错误判断。比如，你觉得某个人和你说话时态度不太友好，你从心底里反感他。这时，就是情绪先于理智，从而让你对对方做出欠缺理性的解读。

（3）掌握本质方法论

本质方法论，是指一个人在生活中，通过不断学习、实践，总结出一套更接近理性思考的个人哲学体系。

在现实生活中，每个人都有自己的"处事经验"，并习惯运用它们去解释身边的事情，从而导致他们在看待问题时，只关注表象而忽略本质。想要改变这个状况，我们必须颠倒过来，在看待某一问题时，先思考本质，再分析表象。

在剖析事物的本质时，一定要紧紧抓住事件背后的"根本性"运作逻辑，理解前因后果，不要被事物的表象和自己的感性偏见、其他因素等影响自己的判断。因此，我们可以从多个角度去分析问题，并把从各个角度找到的真相融合在一起，进而还原事情的原貌。

在这个世界上，无论事物多么复杂，梦想多么遥远，只要你改变心智，改变思维的角度，就有机会看到事物的真相，看清现实与梦想的距离。

3. 先有目标，后有方法

当开始做一件事情时，99% 的人的做法是：第一时间从大脑的"数据库"中调用既有的方案，如果是新问题，没有现成的方案可供选择怎么办？于是开始计算自己的资源，评估自己的能力，看事情能办成什么样。这是典型的看到问题，先找方法，再定目标的做法。

例如，2022 年已经过去，现在请你闭上眼睛，好好回想一下：

你年初设定的目标完成了多少？

是不是只完成了不到一半？甚至更少？

为什么我们总是热衷于设定各种各样的目标，到头来却总是完不成？

因为有目标，没方法，或是有方法，没有目标，即便二者都有，也颠倒了顺序。

尤其在实现长期目标时，我们使用这样一个理念，即先有目标，后有方法。你可以简单地把它理解为目标倒推，即：通过一种变相的"以终为始"，来打乱我们的内心秩序，使我们产生不和谐，不和谐会激发我们的能量和智力。为什么？因为你对自己的要求不一样，你的结果，你的期望，你的绩效自然也就不一样。

我读过一个有关美国心理学家的故事。有一次，我在课堂上还原了他的一个"游戏"。我在课堂上问学员："如果在双向六车道的高速公路上开车，你在中间车道，你刚开了几分钟，前面堵车了，而且堵了好几公里，你出门前已经和一位重要的客户约好，要在30分钟内见到他，现在怎么办？"

有学员说："赶快告诉客户，你堵车了，让他多等一会儿。"

也有学员说："可以让客户过来见你啊。"

还有学员说："可不可以倒车下高速，然后走其他的路？"

他们的回答都有一定的道理，但在我又说出一个信息后，他们都不再坚持自己的观点了，开始积极地开动脑筋想办法。这个信息是："客户要赶一个小时后的飞机，而且这次去见客户，是为了签一个500万元的订单。"

500万元！这可不是一个小数目，因为一次堵车丢掉这个好不容易争取来的订单，实在太可惜了，那该怎么办？

有学员出主意："干脆先把车扔在这里，从对面拦一辆车，再想办法过去。"很多人认为这是个好主意。

当然，还有学员说，为了留住客户，可以先给客户优惠，"稳"住他再说。

更有学员抱怨："你早干吗去了？为什么偏偏这个时候出门？"

总之，答案五花八门。

这些学员为什么在不知道目的是签 500 万元订单之前，都在为堵车找借口，认为 30 分钟见到客户不可能，而知道目的是签 500 万元订单后，一下子变得积极起来，不再找借口，而是开始极力想办法？因为这个目标太有价值了。如果目标不是签订单，而是赴一个很普通的饭局，最好的办法就是打一个电话，告诉对方：现在堵车了，一时半会儿过不去。相信对方也能理解。但现在的问题是，你也可以打电话过去说"堵车了，一小时都过不去"，但是客户没时间等你，这个单子签不成，损失太大了。所以，这会逼迫你想办法达成目标。这个时候，你的积极性是最高的。这就是有价值感的目标，是一个人的意义所在。

也就是说，一旦我们树立了对自己很重要的目标，我们就会对那些有助于我们实现目标的信息、资源、途径非常警觉。这样一来，我们会变得更积极、更进取，并去寻找最优的方法，不断优化实现目标的路线图。

先有目标，后有方法，不但能激发我们的潜能，还能使我们通过反向推理来快速构建解决问题的新途径。也就是从结果、目标导向出发，去推演过程，直至你现在所处的位置，在这个过程中，每一个环节如何实现、实现的进度怎样，都需要方法来保证。可见，它是一种从结果倒推开始、从产出倒推投入、从问题倒推策略的思维。

假如你是一位主播，打算一年内要涨 100 万粉丝。那么从第 1 个月开始，你每个月应该涨粉 8 万左右。如果半年过去了，你涨粉 30 万，那剩下的 6 个月，平均每个月要涨粉 15 万，分摊到每周，将近 4 万的涨粉任务。简单地说，就是用目标来反向推算每天应做哪些事、做多少、完成标准如何等。这样一来，目标既有层次，又成体系，实现的过程一目了然。

很多企业都会运用这种方法来达成目标。比如，先将年度目标分解为多个细分目标，再分析哪些细分目标可以提升和改进，挑选出提升和改进目标可以利用的关键策略，再配置实施这一策略的相关资源，从而形成完成这一目标的工作计划。

这对个人成长来说，有很重要的借鉴意义。比如，你打算创业，那你的成长逻辑是什么？大多数人创业目的很简单，就是不想帮别人打工，想自己当老板，甚至觉得赚不赚钱无所谓，只要不亏损就好。这样的创业者没有明确的目标，虽然懂得研究经商技巧，但只是走一步看一步。哪天做不下去了，马上会改变主意，继续回去上班。

优秀的创业者一定有一个明确的目标，如一年要做到什么程度，两年要做到什么规模等，为了达成目标，他们先对目标分解，并寻找各种资源，确保各个分目标的实现。这样一来，他们不但会利用好现有的资源，并且为了实现目标，会在做事的方式方法上有针对性地创新，这极大地提升了他们的竞争力与成功概率。

所以，"先有目标，后有方法"是一种常见的以终为始的工作思路，它要求一切以目标为导向，从结果出发思考需要完成的事项，从而确保方法的高效可行与目标的如期实现。

4. 注重结果导向

我们所有的思想和行动，不只是为了享受追逐成功的过程，更是为了追求最终的结果。凡事以结果为导向，才能看到自己的成长，才能把梦想变成现实。否则，没有结果的支撑，梦想如纸上谈兵。

以结果为导向，不但需要了解目标，突出工作重点，更要有一种排除障碍做成事、不达目的誓不罢休的心态。所以，结果为导向不只在于"知"，更在于"行"。执行是把目标变成结果的行动，执行力是把目标变成结果的能力。

有一个年轻人，在成为我的学员之前，他有过几次创业失败的经历。据他的讲述，在最后一次创业之前，在一家公司做客服经理。他经过深思熟虑决定辞职创业，他的创业项目是开奶茶店。我一直认为，这是很多"菜鸟"创业的首选项目，无须过硬的专业技术与渠道资源等，消费群体主要是年轻人，市场不算小。

这个年轻人的奶茶店开业后，虽然推出了一些优惠活动，但是顾客寥寥无几。他整天在网上打广告，在线下发宣传单，但是，生意始终没有起色。每天，偶尔有几个客人到店消费，之后不会来第二次。两个月后，店就关门了。

后来，他参加了我的培训班，成了某期学员中的一员。他说，自己始终有一个创业梦，来回折腾了好几次，都是草草收场，希望我给他一些建议。

我对他说，创业是一个系统工程。要想让你的口袋里有财富，脑袋里先要有货，即要有知识、技术、经验，这决定了你的思维模式。他说："我脑袋里也有货啊，为什么不行呢？"看得出来，他是个很聪明的人，于是我问他："既然你脑袋里想的是对的，为什么你口袋里没有你想要的？"他说："对啊，我也很好奇呀！"

我告诉他："你不注重结果导向。"

他说："不对呀，我开店就是为了赚钱，这就是结果呀。"

我说："你一直在用昨天的方法赚今天的钱，结果呢？只能得到昨天的结果。"他恍然大悟，我给他的建议是：如果再次创业的话，一定要分清两件事，一件与结果有关，一件与结果无关。和结果有关的拿过来直接用，和结果无关的立马放弃。

我们从小到大，都在强调"要努力""要奋斗"，而很少会考虑如何在付出同等努力的情况下得到更好的结果。尤其在创业时，必须靠结果说话，而且是有质量、有效率的结果。同样的结果，竞争对手用更少的时间，付出更低的成本，你就没有优势。从这个意义上说，以结果为导向，不是指不管用什么方法，只要达到结果就行。

真正的以结果为导向，要把握以下三点：

（1）对资源进行合理规划

在具体工作中，做什么工作都要先考虑希望实现什么样的结果，为了这个结果而考虑资源并对资源进行合理规划，所有工作和规划都是为了实现目标而做的。通过规划，不但要指明工作的方向，明确工作的进度等，而且要提升各类资源的有效利用率，使结果更优。

（2）设计清晰的工作思路

在设计工作思路时，采用结果导向，即运用逆向思维来推导工作方法和思路，采取相应的措施，从而形成一套完整的工作路线图。在哪个时间点应做哪些工作，都有详细的说明，这有利于提高工作效率。

（3）保持理性的工作态度

对结果负责的态度是一种对工作负责的态度，无论过程多么辛苦、多么复杂，最终都是以实现既定结果为评价标准，使我们达到预期效果。

总的来说，以结果为导向，要业绩不要借口，要行动不要空想，要结果不要理由。只有凡事做到"结果提前"，并检讨和反思自己先前的做法，必要时否定自我，甚至有一种"归零"的心态，才能推动事情朝着既定的方向发展。

第二章　正向循环

人生的道路都是由心来描绘的。所以，无论自己处于多么严酷的境遇之中，心头都不应为悲观的思想所萦绕。

——稻盛和夫

1. 进行积极的自我谈话

看到"自我谈话"这个词语，你的第一感觉是什么？你可能会说："这不就是自我反思或是自我反省吗？"其实不然，它是一种不间断的心理活动，虽然你并没有表达出来，但是它能描述你的行为，唤起你对自己的感受，强化你的自我形象，并对你的潜意识产生影响。

我们知道，人的思维有四种模式，分别是点型思维、线型思难、平面思维与立体思维。从这个角度看，自我谈话是一种立体思维，它有三个维度：词语、图像、感受。其中，词语会触发图像，我们称为意象，这个过程会伴随情绪和感受。

如何进行自我谈话呢？非常简单，就是你自己与自己的谈话。可以是有声的，也可以是无声。你和别人谈话的同时，也是在和自己谈话，而且你和自己谈话的速度更快，因为它是无声的。而且，在谈话过程中，你

59

脑子里会不停地闪现一些想法、观念。每一个想法、观念都会被记录在潜意识中。所以，有些事情你不需要亲身经历，只要认真回想一遍，或是想象一下当时的场景，就知道"我应该怎么做"。

在课堂上，我和学员们做过一个游戏。我给每人发一个罗盘，罗盘的方向是上北下南，左西右东。螺丝帽距离罗盘的中心大概1厘米。每个人都把胳膊架在桌子上，把罗盘放在两个胳膊上，这样稳当。当大家都做好准备时，我说："眼睛看着螺丝帽。然后按照我说的做，现在我们在心里对自己说'螺丝帽南北方向摇摆，南北，南北，南北方向摇摆，南北，南北，南北方向摇摆，上下，上下，南北，南北，上下，上下，南北，南北'。"

接着，我又对大家说："你们在心里对自己说，'螺丝帽东西方向摇摆，东西方向，左右，左右，左右，左右，东西方向摇摆，左右，左右，左右，左右'。"

稍停片刻，我又说："现在请你在心里对自己说，'螺丝帽顺着时钟的方向转圈，顺着时钟的方向转圈，转圈，顺着时钟的方向转圈，转圈，顺着时钟的方向转圈，转圈，转圈'。好，停！"这时，我想知道谁的罗盘上的螺丝帽动了，便说"动的请举手"。结果，大多数人都举起了手。

后来，我们在课上又做了几次这个游戏，一些玩过这个游戏的学员开始有了"戒心"，我让螺丝帽动，他们的螺丝帽偏不动。结果呢？螺丝帽还是听他们的。

这个小游戏说明，你在和别人谈话的时候，也在和自己谈话，而且你对自己说的话，比别人对你说的话对你更有影响力。

为什么自我谈话如此重要呢？这是因为，在自我谈话时，我们的脑海里会不自觉浮现出与谈话内容相对应的图像，而这种图像又会加深我们的情感体验。

要知道，每个人都是向着自己对自己的想象靠拢的。因此，需要把握好自己对自己的想象。但是，我们对自己的想象是通过我们的自我谈话强化的。自我谈话既可以对我们产生积极影响，提高我们的自尊水平，也可以对我们产生消极影响，降低我们的自尊水平。

在进行积极的自我谈话时，会认为自己能够成功、正在进步，并且会越来越好，这不但会激发人的潜能和活力，而且有助于修炼出积极的心理状态。

比如，你顺利地达成一个目标，你会对自己说："太好了，我做得不错，我还可以憧憬一下更大的目标。"当你下一次做得非常不错时，你还对自己说这样的话，从而对自己产生一种正向激励。

而消极的自我谈话会误导个人的判断和自信，使人生活在幻觉中不能自拔，并做出脱离实际的事情。另外，消极的自我谈话还容易使人对外界事物的认知形成某种心理定式。比如，当你做错一件事情时，如果对自己说："怎么又犯这样的错误？看来我不可救药了。"你会在潜意识里认为"自己不行"，同时，你的行为会随着你的这些自我谈话来强化消极的自我形象，从而形成一种负向循环。

成功的人都善于自我谈话，通过积极的和建设性的自我谈话，不断地肯定自己，激励自己走出困境。当他们一遍又一遍地进行积极的自我谈话，不断重复成功的体验时，自己希望的那种形象就会在脑海里固化，从而使整个人变得更有自信，更有力量，更有激情。

2. 驱动习惯＝暗示＋行为＋奖赏

无论是个人、家庭还是团队或公司，都离不开梦想，都有一些目标或者憧憬。当然，现实与梦想之间是有距离的，有时候，不是我们的憧憬不对，也不是我们的梦想遥不可及，而是在实现梦想的路上踩"雷"了，这个"雷"就是阻碍我们前行的旧习惯。

从心理学的观点来看，习惯是某种程度上固定的思考、意志或者感觉方式，是由重复的心智体验而获得的。简言之，习惯就是积久养成的某种程度上固定的思考行为方式，如图 2-1 所示。行为科学的研究表明：一个人一天的行为中，大约有 5% 是非习惯性的，而其他 95% 的行为都是源自习惯。

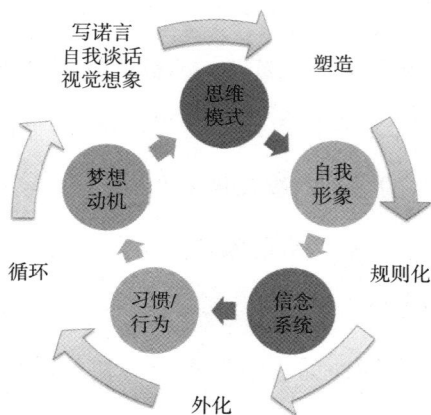

图 2-1 实现变化的原理——循环

如果不改变一些旧习惯，会发生什么呢？首先，难以发挥出最佳状态。其次，思维、行动会受限。要改变旧习惯，使新习惯产生正向循环，需要把握好三点，用公式来表达就是：驱动习惯＝暗示＋行为＋奖赏。

在上面的等式中有三个要素，而且有先后顺序。我们可以把它看作驱动习惯的一个链路程序，"暗示"和"奖赏"就是这条链路的"起点"和"终点"，这两个点是通过触发人的渴求，进而驱动习惯的重要模块。所以，我们必须寻找相关的暗示和持续性的奖赏，调动自己足够的渴求，才能构建起新习惯。

（1）暗示

什么是"暗示"？暗示，是驱动习惯的开端，它要用来触发行为和触发渴求。比如，有人喜欢在墙壁挂上家庭宣言："我们的家是充满欢乐、舒适、学习、朋友、成长和秩序的地方，我们在这里要不断提高自己，成为对世界做出贡献的人"。

这就给每个家庭成员以暗示：遇到事情要多忍让，豁达一些；家庭是我们舒适的港湾，要寻找舒适的感觉；家庭是学习的地方，要相互学习、共同进步；家庭是平等的地方，要像朋友一样敞开心扉；家庭也是讲秩序的地方，没有规矩不成方圆。你每天都会得到这样的暗示，会不会触发你做出相关行为的渴求呢？

再如，要保持良好的学习状态，也可以将一些座右铭摆在桌子上，或者床头、电视柜上，这样，就会经常看到它，并得到相应的暗示，从而增加你学习的动力。

（2）行为

在新习惯替代旧习惯的过程中，肯定要经历一段痛苦的行为转变期，过去很多习以为常的行为都需要做出改变，并逐渐形成新的行为习惯。在行为养成的开始阶段，要不断地提醒我们的大脑：坚持下去，不要半途而废。很多时候，我们不太相信"每天改变一点点，时间久了会产生巨大的变化"，这是因为我们太急功近利，今天改变，明天就想看到结果。其实不然，一套新的行为模式的建立或是习惯的形成，是一个渐进的过程，也就是只有通过量的积累，才能促成质的变化。

这里我们引入一个概念——时间律，它的意思是，这个世界上，有些东西是用钱买不来的，获得它的唯一方法，就是用时间换。习惯，就是典型的符合时间律的东西：养成习惯，就是用时间换一个习惯。

通常，改变之初，确实要考验自己的意志力，但是，经过一段时间刻意练习，就会形成一种习惯。比如，要戒掉玩手机游戏的旧习惯，养成看书的习惯，不是短时间就可以做到的，刚开始，你不一定要每天看很多书，但是你要少玩或是尽量不看手机。每天都严格要求自己，渐渐地，你就会减少对手机的依赖，与此同时，不断增加阅读量，这样，自然而然就会从玩手机过渡到阅读，而且随着阅读量的增加，你会感到生活更充实，眼界更宽，精神世界更美好，渐渐地，你就会喜欢上阅读。所以，一种新习惯的养成，刚开始比较考验自制力，但是越往后，越需要从新的行为模式中获得乐趣、成长、意义。

（3）奖赏

什么是"奖赏"？不要以为我们是因为激励、物质或者精神的奖励才有动力的，我们的动力主要源于大脑的渴求，使大脑对奖励产生愉悦。

比如，你制订了一个健身计划，为了使这个计划更好地执行下去，你可以在每次健身结束给自己一个小小的奖赏。奖赏可以是一杯奶茶，或是给朋友打个电话，得到对方的鼓励等，总之，这种奖赏要能激起自己健身的渴望。

习惯就是这样养成的，它将暗示、行为和奖赏联结在一起，形成一个完整的链条，我们也可以叫它"回路"。

3. 避免形成负向循环

做任何一件事情，当你认为"不可能"的时候，结果会怎么样？往往是放弃，或是勉强去做。而且在放弃之前，会为自己找一些理由。如此一来，就会形成这样一种回路：思想上认为"不可能"—行动上"放弃"—口头上"找理由"。一旦这个回路形成闭合，就会不断地产生负向反馈，进而形成负向循环。

相反，如果要形成正向循环，必须不断产生正反馈，并形成合理的、正向的"回路"，从而拥有理性的思维、正确的方法、积极的心态。

我的很多学员都有负向循环的倾向，或者说，他们之前一直在做负向循环。为什么？因为我在课堂上做过一些调查，结果显示：相当一部分人之所以千里迢迢跑来听课，就是想知道"我为什么不行""我的梦想为什么难以实现"等。因为他们事先已经做了一种假设：这个目标是不靠谱的，又不知道哪里不靠谱，于是求助于我。

　　我就对这些学员直白地说："与其说你们跑到这里来找理由，不如说你们陷入了一种负向循环。"很多人不解："不是啊，李老师，我们只是想少走些弯路，再说，这也是在总结经验与教训嘛。"习惯负向循环的人一生都在积累失败的经验与教训。我问他们："都说说你们有哪些成功的体验，或者说有过哪些积极的想法，曾促使你做好一件事情？"他们想了半天，说出来的案例却都无关梦想。

　　我对他们一些行为方式的总结就是：在思想上不愿跳出舒适区，即使要努力，也要在舒适区努力。说白了，就是希望从我这里得到一个问题的答案，即如何舒舒服服地赚钱，或是实现自己的梦想。比如，有一个学员就问我："我一年可以赚200万元，但是精神压力太大，只要能让我轻松一些，哪怕少赚一点也好，希望李老师帮我。"看得出来，他不是真的想少赚一点，只是想舒服地赚钱，或者叫"躺赚"。

　　当然，我可以帮他找100个舒服赚钱的方法，但对他的成长毫无用处。比如，我可以告诉他："你现在财富自由了，可以将一部分钱用来买保本的理财产品，一部分钱用来做投资，每年可以获得不错的收益。"你以为他会听吗？当然不会，他还是想赚更多，而且既要没有风险，还要轻松。

　　一个人一旦产生了这种思维，就意味着他开始了负向循环，甚至是死循环。为什么？因为在当下这个社会，无论哪个行业，躺赚都是小概率事件。尤其对于个人而言，要积极地开拓思维，要有进取心，既想"退守"，又要保赚，几乎是不可能的。

　　好多学员都是抱着"躺赚"的心态来听课的，脑子里杂七杂八的想法很多。在这之前，他们有过尝试，也有过模仿，总觉得成功者赚钱容易，于是不断地变换业务、商业模式，结果都事与愿违。其实，最应该改变的是自己的思维与心态，成功者之所以更接近他们的梦想，是因为他们不断精进，不断正向循环，而不是时不时变换赛道，也不是寻找什么捷径。

我想说的是，追求梦想从来没有什么捷径。只要目标确立，就要一直干，就要不断在行业内深耕，而不是认为一件事有难度，或是"不可能"，就给自己找一些放弃的理由。

现实中，很多人在一个行业做不下去，或是认为之前的梦想不靠谱，便会习惯性地模仿别人，或者干脆树立一个新的梦想。如此反复，便会发现：梦想变了又变，自己却一直停在原地。别人都在找方法的时候，你在找理由，一进一退，一正一负，差距立显。个人与个人的差距就是这么产生的。

所以，在人生的道路上，为避免陷入负向循环，笔者分享两种方法。

（1）逆向思考

逆向思考就是从"源头"思考。比如，做一个项目前，先思考一下，你想达到什么样的预期，要用多久才能达到这样的预期，为了达成目标，需要具备哪些条件等。之所以这么思考，主要是为了使目标可见，避免"云里雾里"。在逆向思考的基础上，再制定每个阶段的具体工作内容。这样，每完成一个阶段的任务，都能收到正反馈，并为完成下一阶段的任务做好铺垫。

（2）顺应客观规律

做任何事情都是有规律可循的，按规律做事会少走弯路，并且能知道哪些事情可以做，哪些事情不能做。否则，眉毛胡子一把抓，不但会增加做事的难度，还容易产生负反馈，打消做事的积极性。如果要提升做事的效率与能力，就需要不断地给自己正反馈，并形成一个良性的"回路"，即收到正反馈—信心提升—工作有进展—能力提升—得到新的正反馈。在这种良性"循环"下，我们会不断地优化自己的思维，调整做事的方法与策略。

综上所述，正向循环可以让一个人实现能力的跃升，负向循环则会极大地阻碍一个人的成长。我们要避免形成负向循环回路，须不断调整自己的思维、心态，减少负反馈，增加正反馈。

4. 拒绝消极假设

在现实生活中，很多人都活在假设中。我们先用假设做出预设判断，然后根据预设的判断决定自己当下的行为。如此，我们的头脑中就容易产生偏见，行为就会出现偏差，进而形成负向循环。

比如，你在工作中遇到了一些棘手的问题，最好不要说："真是多一事不如少一事，早知就不主动请缨了。"其实，重要的不是之前，而是以后。习惯消极假设的人，面对挫折时，往往看不清问题产生的根源，这不但无助于问题的解决，也会对自己思维、行为产生消极影响。

你可能有过类似的经历：拉着好朋友逛街，好不容易买了一件你认为质地、款式都不错的衣服。你穿在身上，心情大好，不曾想，一个同事说："这衣服颜色太暗了。"另一个同事凑过来说："这是什么款式呀，一看就过时了。"话音刚落，又一个同事说："这衣服要 300 元？不会吧？"原本你是很自信的，被同事这么一说，你是不是有点怀疑自己的审美眼光？

为什么会这样？因为消极假设。从心理机制上讲，消极假设是一种被主观意愿肯定的假设，不一定有根据，但由于主观上已经肯定了它的存在，心理上便竭力趋向于这项内容。这种消极假设是一种负能量，对我们自身的发展非常不利。

所以，我们要学会拒绝消极假设，也不要活在假设里，世界上没有那么多"如果"，也没有那么多"应该"，更没有那么多"万一"，我们面对的只有呈现出来的结果。仔细想一想，你的悲观、困惑、痛苦等有多少是假设出来的？现在，就请拿纸和笔把它们记下来。比如，朋友不理解你的好意；别人不够尊重你；自己说话惹得别人不高兴……其实，事实未必如你所想，你之所以这么认为，是因为你做了消极假设。

每个人都有一种自觉或者不自觉地维护自己"自主"地位的倾向，不愿意接受别人的干涉或者控制，但很容易受到别人暗示的影响。从这个角度来看，暗示的作用往往比直接劝说或者命令的作用更大。

因此，在追求梦想的路上，我们要拒绝消极假设，否则，它会扰乱我们的心智，束缚我们的思维，让我们无休止地陷入负向循环。

那么该如何拒绝消极假设呢？

（1）不想"如果"，只想"如何"

当事实证明，99%的假设都是不成立的，建立在这些假设基础上的判断都是臆断时，你就不要跟自己过不去，不再习惯性地做一些假设，"假如我的运气再好一些""假如目标定得再低一点""假如我是他的话"……无论你如何假设，结果都无法改变，只会徒增烦恼。多想"如何"，就是以诚恳、务实的态度来分析、解决眼前的问题，不虚构情节，不猜忌别人，反而会打开你的心结，开阔你的思路。

（2）多些理性，少些感性

《人为什么活着》❶一书中有这样一句话："从逻辑上说，从一个错误的前提什么都能推出来。假如你失去理性，就会遇到大量令人诧异的新鲜事物，从此迷失在万花筒里，直到碰到钉子。"如果一个人的理智战胜不了情感，习惯带着偏见、情感思考问题，那他很难看到事情的真相，以及自身的问题。如何用理智战胜情感呢？除了靠心智，就是尽可能少地去做假设，特别是消极假设，以更开拓的思维、宽阔的眼界看问题，避免一叶障目。

（3）提前计划，未雨绸缪

当消极的事情发生时，为了避免触发消极思维模式，你可以尝试在要做某事时提前计划。通过提前计划，可以预先想象事情会如何发展，可能会遇到哪些障碍。基于此，可以制订备用计划以防万一。这样，当事情没有按照既定方式进行时，你不会变得消极，因为你已经准备好备用计划。

在追求梦想的路上，为了避免产生负向循环，我们不要随意进行一些消极假设，否则，不但行动会受限，思想也会潜移默化地朝着消极方向思考。特别是一些负面阴暗、悲观消极，甚至不合常理的假设，会"吸"走整个人的能量，让人进入空洞的心理状态，从而形成一种对任何事都无法掌控的消极思想。

---

❶ 王小波. 人为什么活着 [M]. 武汉：长江文艺出版社，2012.

第三章　集注排斥

把所有的精力都集中在实现一定的目标上，除此之外，没有什么能让你的人生充满力量。

——尼杜·库比恩

1. 大脑是如何工作的

现在，我们谈一谈人的大脑是如何工作的。也就是说，我们是如何想问题或是做决定的。我们每天都被听到、看到、感受到的信息轰炸，如果我们不加选择地接收、消化这些信息，那简直是一件不可思议的事情。怎么办？我们的大脑有一个过滤系统，叫作网状激活系统。它位于大脑中央位置，由于它的形状像网，所以叫网状激活系统。它会过滤我们认为重要的信息，或是对我们有威胁的信息。打个形象的比方，网状激活系统就像一位优秀的秘书，负责筛除垃圾信件。

比如，我们决定买一个冰箱或找一个车位，网状激活系统就会立即工作，潜意识会去寻找相关信息。这时，这类信息对我们来说就是重要的。这也可以用来解释很多现象。例如，有的孩子在学校里表现得很聪明，有的孩子却很笨拙。其实，在这些看上去较笨拙的孩子中，很多只是因为他们的网状激活系统被关闭了。即使那些被认为相当聪明的孩子，在他们不擅长的领域里，也会有笨拙的表现。

例如，有一个男孩在学习上很吃力，考试成绩不好，被认为不够聪明。但是，他对踢球比较感兴趣。他知道很多知名球星的名字，以及他们的故事。凡是与足球相关的信息，他都能记得很清楚。为什么？因为踢球对他很重要，他的网状激活系统会特别关注这类信息。

在学习方面也是如此。如果一个孩子认为数学和自然科学很重要，而且对它们非常感兴趣，那他学起来就不会感到困难。如果他对文学、历史、语言不感兴趣，就会觉得它们难学，而且学起来很吃力。这不是说他们不具有相应的学习能力，而是他们的网状激活系统不会特别在意这些信息。正如英国作家切斯特顿所说："世界上没有乏味的学科，只有感到乏味的人。"

学习如此，目标管理方面也是如此。一旦我们树立了对自己很重要的目标，我们的网状激活系统就会打开，而且对那些有助于我们实现目标的信息、资源、途径非常警觉。

随着研究的深入，科学家发现人类对大脑的了解还很粗浅。尽管如此，我们仍然有足够的案例证明，只要运用好自己的大脑，每一个人都是天才。

大脑的意识可分为三个方面，即意识、潜意识、创造性潜意识。

意识，是指人在情感上处于对四周警觉的一种状态。它有四个自动化的功能，即感知、联想、评估、决定。我们一直在自动化地感知周围的环境，甚至婴儿出生前在母亲的子宫里就能感知到压力、温度和声音。在婴儿出生后，所有的五感，即视觉、触觉、味觉、听觉和嗅觉会立即发挥功用，直到死亡为止。在生命的每分每秒，我们都在自动化地感知周围的事物。

潜意识，是指人的心理活动中没有被觉察的部分，是大脑中"已经发生，但并未达到意识状态的心理活动过程"。我们感知到的东西都被储存在潜意识中，用神经病学家的话说，就是储存在我们的脑细胞的神经元结构中。比如，我们读过的每一本书，听过的每一堂课，欣赏过的每一个电视节目或广播节目，看过的每一则新闻报道，与他人的每一次谈话等，这一切都被潜意识记录下来。

当然，潜意识不仅会储存我们感知到的事物，还会储存我们对自己感知到的事物的情感体验。有些情感体验是消极的，如果被储存下来，会影响我们潜力的发挥。

创造性潜意识，是根据自我形象来控制自身行为的一种心理源泉。它需要人树立目标，并为实现目标提供能量和创造力。创造性潜意识能帮助我们保持心智健全，它总是依据储存在我们潜意识中的信念行动，并且都是自动化的。我们可以用有意识的决定来压制创造性潜意识的自动化功能。但是，当我们这么做时，我们会感到紧张和焦虑。例如，在客人面前，我们会表现得很客气，一旦客人离开，我们就会变得很随意，使行为回归到自然状态。

在了解我们大脑的运作模式和思维过程后，就很容易理解我们平时的一些行为。从这个意义上说，这也是我们可以用来实现个人梦想的工具。

比如，通过写誓言来改变自我形象，其实就是运用了大脑产生意识、潜意识、创造性潜意识的原理。因为意识有一个功能是联想，它发生在感知后。我们的大脑会自动将无数被感知的与已知的信息联系起来。也就是说，大脑会问自己："之前遇到过这种情况吗？"

在联想之后，大脑会自动地对感知进行评估。评估就好像问自己："这件事的结果会怎么样？会给我带来好处还是坏处？"当我们欠缺经验或是不成熟时，我们经常会做出非黑即白的判断。当我们成熟时，就会意识到，其实在黑白之间还存在一个模糊地带，这有助于我们做出更理性的决定。

需要注意的是，很多人在谋划一件事情时，往往不是基于自己"能做什么"，而是自己"做过什么"。这样，他们就会自动化地并带有情感倾向地做选择。如果在个人生活、人际关系、商务决策上经常做一些非理性决定，则说明我们内在的变化比外在的变化更为强烈。这时，我们需要检查储存在大脑"资料库"中的信息。如写誓言的自我调节过程，可以帮助我们改变一些错误的或是感性认知。

综上所述，通过了解大脑的三个意识，我们知道自己为什么习惯按照已有经验做决定，以及通过自我调节来改变自我形象的原理等，这对我们思考、谋划自己的梦想至关重要。

2. 所有人都有盲点

人会利用每一条理由为自己行为的合理化找借口。真正牵制我们进步的最大障碍，并不是事实本身，而是我们对"事实"的看法。一旦我们肯定了一个"事实"，我们的大脑只会倾向于支持我们的信念的信息，并对与我们信念相反的证据产生盲点。

在心理学上有一种现象，叫斯格托玛现象。简单来说，就是盲点。我们每一个人都有盲点，即使专家也不例外。盲点是人的特点，不是缺陷。每个人基于个人的认知，都会选择性地"失明"，或者根本感知不到事物的全貌。大家耳熟能详的"盲人摸象"故事，反映的就是这种现象。

在生活中，斯格托玛现象很常见。比如，对于一幅比较抽象的艺术画作，不同的人有不同感受。其实，画的内容是一样的，即每个人的视觉感知是相同的，但是体验不一样，产生的认知不一样。当然，每个人都有自己的盲点，只是我们很少能感知到。

打个比方，你身边的某个朋友有一个宏大的创业梦想，你听了他的创业计划后，觉得他是在做白日梦。为什么会有这种想法？基于你对他的了解。你认为他没有资源，没有启动资金，没有过人的能力，甚至连个像样的学历都没有，你满脑子的问号：拿什么创业？靠什么成功？虽然你看不到这些问题的答案，但这些问题对方早就深思熟虑过了，而且都不再是关键问题。如此一来，你们的认知便不在一个频道上。用一句话来说，就是对于创业这件事，你看到的是满眼的障碍，对方看到的是大把的机会。这时你的认知、感觉筑起了一道斯格托玛之墙。究其根本，是你习惯选择性接收信息所致。

当然，产生斯格托玛现象的重要原因之一，就是认知不和谐。一名叫莱昂·费斯汀格的美国心理学家首次提出了这个理论。他认为，没有一个人能够同时在心里存在两个相对立的信念，且没有巨大的不和谐、不高兴、不开心。所以，对于人类来说，如果对某一个事情有了强烈的信念，认为事情就是这样，就会使自己看不到其他的方法，你会筑起斯格托玛之墙。你看不见，不是故意的，而是潜意识的、自动化的。这也是我们很难看到一些事情真相的重要原因。

我们为什么看不到事情的真相，是真的看不到吗？许多时候，并不是这样，而是我们不愿意看到。为什么这么说呢？因为我们更愿意寻找能够证实自己信念的，那些所谓的"正确"的信息，也就是说，当我们持有某个观点、立场时，我们会倾向于搜集一些能够佐证或是加强这些观点、立场的论据，而不是辩证地、全面地看问题，因此，对一些真相会选择性"失明"。如果一个人接受与其认知相反的真相，他会因此感到痛苦。

比如，做某一个项目时，你坚定地支持 A 方案，有人支持 B 方案，你和对方吵得不可开交，经过详细研究，你发现 B 方案确实比 A 方案更优，不仅节省成本，用时更短，消耗的各类资源更少，而且质量更容易把控，但是，你还是会坚持 A 方案，此时如果让你接受 B 方案，你过不了心里这关。

类似的事情每个人身上都发生过，不愿意相信、接受一些与自己的信念、观点等有冲突的真相。如此一来，便屏蔽了真相的另一半。

我们做一件事情或是思考一个问题时，盲点越多，意味着我们的思路越窄，出错的可能性越大。于是，就形成了一种现象：不幸的人只知道自己不幸福，却总觉得不幸是别人或者环境导致的，而看不到自己的问题。

想要消除认知盲点，必须有了解现实的冲动、接受现实的勇气。真相有时候并不美好，特别是在我们听到那些与我们原本以为的大相径庭的事情，可能会很难接受。不过，一旦有了解"究竟怎么回事"的冲动，具备接受一切可能的勇气，我们就具备了提升自我意识的可能。

具体来说，消除盲点需要把握以下几个步骤：

（1）假定质疑成立

要做到这一点并不容易，尤其听到别人反对我们的声音，或是刻意纠正我们的错误时，我们会本能地产生逆反心理，认为对方是在"找茬"，是在"小题大做"，而不会循着对方的思路来进行自我审视。毕竟，当着他人的面否定自己，需要很大的勇气。

为了消除盲点，下次听到反对声音后，要第一时间做这种假设：暂且相信他说得对，接下来，我要去细心地求证。据此，我们可以认真观察自己生活、工作中的思维、情感和行为，从而印证假设是否成立。

（2）持续不断地精进

在生活中，我们的很多痛苦都源于我们的认知，而且越觉得自己很懂越痛苦，为什么会这样？因为认知浅薄导致现实与认知产生较大的反差，从而给我们带来较大的心理落差。比如，一个人由于对某门生意的认知不够深，没有意识到潜在风险，认为投入 10 万元，可以轻松赚 20 万元，至少也能保本。结果，投入的 10 万元血本无归。其实，这种投资失败就是盲点造成的。要避免这样的失败与痛苦，需要不断精进自己的专业，深入学习，尽可能多地减少认知盲点。

（3）渴求真实的反馈

越是认知能力强的人，越希望听到不同的声音，这样，会让自己更全面、深入地看问题，避免因为"一言堂"而产生认知盲点。但是，要得到真实的反馈并不容易，这不仅需要你有大的格局与胸怀，还要善于让他人敞开心扉，倾听对方的心声。

世界永远在变化，新的情况不断出现，但是我们的时间、精力、智慧都有限，想要去除盲点，成为全知全能的人，并不现实。但是，我们对待盲点一定要有积极的态度，做事情、想问题要多审视自己，多拥抱变化，多倾听他人，并学会站在多个角度思考。如果不积极消除盲点，盲点只会越积越多，如此一来，我们的梦想只能是水中月、镜中花，人生也会兜兜转转，始终在失败与悔恨中挣扎。

3. 保持专注，持续聚焦

你的脑海中是否有过这样一个梦想：它像一座险峻的高山，你望而却步，踌躇不前。在漫长的登山旅程中，很多人选择了折返。他们不是没有登顶的实力，而是被山的高大吓退。俗话说，船到桥头自然直。实现梦想如攀登高山，重要的是专注地往上爬。

如今，胸怀梦想的人很多，其中95%的人最后都不知道自己是怎么失败的。真实的原因，并非他们所说的缺钱、缺人、缺实力等，而是不够专注。他们努力、拼搏，但是有限的时间、精力被分散到多个项目上，最后哪个项目都没有做专、做精。

比如，有的人兼职创业，一边上班，一边做微商，做代购，每天东行西走，结果本职工作没做好，兼职也没赚到钱。再如，有的人开饭店，没有自己的特色菜，菜单全靠抄。

当然，有些人也很专注，但是聚焦错了方向。例如，有个年轻人开了一家塑料薄膜生产工厂，规模很小，属于家庭式作坊。为了打开当地市场，他一再压低价格，但还是卖不出去。为了找销路，他每天各个村里跑，今天走访，明天宣讲。半年过去了，机器只开动了一个月，而且大部分产品积压在仓库里。他闲下来就抱怨竞争对手。其实，根本的原因是他的生产工艺落后、成本较高，产品性价比太低。他没有认真思考如何改进工艺，如何把成本降下来，而把大部分时间用在了宣传上。可谓本末倒置。

要实现自己的创业梦想，必须聚焦于定好的目标，潜心钻研一个领域，并有所造诣。我们都知道，凹透镜可以将太阳光的能量聚集在一个点上，并点燃物体。我们为梦想奋斗的过程也是这样。只有明确自己的目标，专注于一个梦想，才能聚焦自己的能量，使自己的能量效用最大化，最终点燃自己的梦想。

在一些毫无价值的事情上浪费时间和精力，对实现梦想毫无益处。农民种果树的时候，会在果树发芽前将一些健康的枝条剪掉。我们通常认为，枝条越多，开花结果就越多，所以觉得农民剪掉很多枝条有点可惜。其实不然，不剪掉枝条的果树不会比剪掉枝条的果树结更多的果实，相反，因为枝条多，且长得细弱，不但影响透光通风，而且会把吸收的营养分散开，使结出的果实又小又瘪。

这枝条就如同梦想之路中的分支，如果你想在路途上多看一点风景，注定会耗费更多能量，在分支里兜兜转转，走更多弯路。只有留下强壮的主干，执着地走下去，才能收获梦想旅途中最美的风景，才能筑牢梦想之基。

因此，专注于梦想，摒弃杂念，才能最大限度地发挥自己的能量，达到更好的效果。那么在追梦之路上，如何保持专注呢？要着重把握好以下四点。

（1）理性选择

在谈及梦想这个话题时，很多人瞬间处于"能量满格"状态，可以滔滔不绝地讲几个小时。但是，因为梦想太多，选项太多，却始终不知该朝哪个方向努力。

我们在做选择之前，一定要先明确一点，即人与人之间是存在差距的。这种差距主要表现在：出生条件不同；天赋不同；个人选择不同；所处时代不同。出生条件、天赋、时代命运这些都是我们无法掌控的，我们唯一能掌控的就是个人的选择。

选择是一个非常宽泛的词，做不做选择，做什么样的选择，完全取决于我们的认知。比如，你有一个创业梦想，为了圆梦，你开了一家小店。结果，一年下来没有赚到钱，要不要继续经营？这时，你需要做选择。当然，做选择不需要抓阄，而是基于你的认知、理解。你选择继续做，肯定有做的理由，你选择关门，也一定有关门的道理。这时，你做的选择，会影响事情的发展方向。

（2）持续聚焦

聚焦，就要将自己的精力集中在一件事情上，即面对 100 个选项时，要对其中 99 个说"不"。一旦选定自己专注的领域，要持续聚焦，直至形成自己的壁垒。

很多人在获得了一定的名声或是取了一定的成绩后，便开始多元化发展，结果主次不分，失去了方向。

比如，很多企业、个人都专注于做短视频、直播带货。其中，有的人什么都涉及，从拍视频到直播，一个人干了别了一个团队干的活。而有的人只做视频剪辑，有的人只做自媒体培训。最后，人们发现，越是在细分领域，越容易找到精准的客户群，越容易集中精力解决问题，就越容易成功。

持续聚焦自己擅长的方面，或是某一个行业的细分领域，不但能让自己有深厚的积累，也有助于培养敏锐的商业嗅觉和捕捉机会的能力。

（3）专业

俗话说"一招鲜，吃遍天"，即只要在一个方面做精做透，做到无人能及的地步，自然就有了竞争优势，不愁赚不到钱。

无论做什么行业，要做到行业的顶级，都需要具备深厚的专业功底。这非常考验一个人的专业能力。即便暂时不具备相应的背景与能力，至少也要有一种发自内心的"不断钻研学习，争取把事情做得越来越好，越来越精致"的专业素养。比如，同样是创业梦，有的人做了10多年，有的人只做了半年，结果做10年的不如做半年的，差在哪里？差在专业。虽然做了10年，但是每天都在做重复的事情，不注重学习提升，对一些新技术、新模式视而不见，许多时候只懂一点皮毛，而缺少真正的钻研。即使一份简单的工作，如果表现不出在某些方面的专业水准，那也随时可能被替代。所以，我们一定要不断提升自己的专业技术与素养。

（4）不断精进

创业本身是一个相对漫长的过程，没有谁可以一步登天，如今天努力了，明天就见到效果，或者后天就发达了。很多创业者做事没有耐心，经常一顿操作后，便要看到预期的结果，若结果不理想，会泄掉一大半心气儿。这样的事情经历过几次，整个人想专注也专注不起来了。

追求梦想如同职场竞争——在漫长的煎熬中能否始终专注于事业，能不能经受得起浮沉和打击，决定了一个人的层次高低。梦想之路不可能一帆风顺，作为追梦者，必须有韧性、有耐心，并且能持续保持高昂的斗志与专注力。

4. 摆脱不良情绪的干扰

在生活中，不会每天都会遇到美好的事情，一旦我们不期望的事情发生，我们很容易产生负面情绪。产生负面情绪的时候，往往会想一些问题，例如，"我本来心情挺好，为什么要生气呢？""我这么做究竟对不对呢？"并因此陷入自责、抑郁、焦虑中。

要摆脱不良情绪的干扰，防止出现情绪的负向循环，应该怎么做呢？

（1）承认认知扭曲

认知扭曲是一种非理性的、消极的，甚至是极端的信念。长时间的认知扭曲会让一个人自动地将一些想法付诸行动，并形成习惯。他的潜意识认为，事情原本就是这样的，自己无须做出改变。认知扭曲会对一个人的精神健康产生消极影响，如让人产生压力、焦虑和抑郁等。

在生活中，很多人都有这样的体验，自己给朋友发一条问候信息，结果对方很久才回复，于是认为：对方第一时间看到了，却不及时回，就是不想和我做朋友。其实，这就是一种认知扭曲的表现。

随着年龄的增长，我们会不断巩固脑海中出现的不合理的、扭曲的想法和信念。这些扭曲的思维模式往往很微妙，当它们成为我们的日常思维时，就很难进行准确识别。这就是为什么它们会如此具有危害性。所以，在很多事情上，我们要承认自己存在认知扭曲，要意识到自己的思维存在问题，这有利于我们消除错误思维与负面情绪。否则，我们会变得固执、痛苦，甚至陷入一些思维陷阱而不能自拔。

（2）对压力源保持容忍

在人生的某一特定时刻，每个人都会产生紧张的情绪。但是，这种对压力的情感反应可能会经常发生，以至于让人很难忍受，很难控制。忍受痛苦是指在应对引起压力的因素，包括消极的想法时，能够管理自己内心情绪的能力。它要求我们后退一步，暂停几分钟或者几天来重新调整，然后采取行动。在压力面前保持镇定并不意味着对问题漠不关心或者压抑自己的情绪，而是让你控制自己的情绪和行为，不是让情绪控制你。

（3）没有任何消极断言

无论是对自己还是对周围的人，永远不要有任何消极断言，消除你脑子里所有的讽刺、嘲笑和贬低他人的念头。这样，可以减少你的负面情绪，以及与他人在一些观念上的冲突。一个人的话语可以直接反映他的情绪状态，习惯消极断言的人，控制情绪的能力往往较差，且情绪也较消极。反之，一个情绪积极的人，他表达的观点往往比较积极、正面。

（4）积极地肯定自己和别人的方法

不断地寻找提高别人形象的机会是优秀的教练、优秀的领导职责。比如，作为父母，你要不断寻找孩子的优点并赞扬他。如果孩子做错了，不要说"你这个笨蛋，总是不长记性"，而要多肯定，比如"你是个懂事的孩子，你应该知道这么做，相信你一定能够改正错误"。总之，不要去强化你观察到的一些负面行为。当你埋怨别人时，情绪一定是很差的，这时，你是很难改变对方的。最明智的做法就是先改变自己，用一种积极的情绪感染对方。

在生活与工作中，如果你经常受到负面情绪的干扰，那就需要有针对性地修炼，如表 2-1 所示。

表 2-1　消极情境及修炼要点

序号	消极情境	修炼要点
1	做事消极被动，凡事听之任之，总说"我也没办法"	对任何事情，都有选择的自由
2	经常抱怨不公平，把责任都归咎到外面	我要对我的生活负全部责任
3	上班综合征，一上班就心烦	建立愿景及价值观
4	易被情绪左右，客户关系或同事关系恶劣	职业化而非情绪化
5	常常出口伤人，事后也很后悔，当时就是控制不住	依据价值观选择积极的回应
6	工作没有热情，做事消极被动	锤炼正确的价值观

研究表明，拥有负面情绪的人，很容易将"有毒"情绪传染给周围的人。通常情况下，具有传染性的十种"有毒"情绪是：愤怒、恐惧、焦虑、悲伤、嫉妒、绝望、无聊、负罪感、担心和蔑视。在生活中，我们难免会受到这些负面情绪的干扰。因此，要学会适时调整自己，保持积极心态。

第三部分
计划行动：我能够知行合一

第一章　设置里程

　　每走一步都走向一个终于要达到的目标，这并不够，应该每下就是一个目标，每一步都自有价值。

——歌德

1. 创立一个愿景

　　我们做每一件事情都是需要动力的，这个动力来自哪里呢？主要有两种，一种是来自外部的压力，另一种是我们内心的欲望，也可以叫它愿景。现在想一想，你树立的梦想，是来自外界的压力，还是内心的愿景呢？

　　愿景是大脑中一幅清晰的，描绘美好未来的蓝图，它能让你受到鼓舞，释放激情，而且会激励你采取行动。如果没有人生愿景，一个人就会漫无目的地游走，没有动力。

　　不可否认，有些人的梦想来自压力，如父母希望自己成为一个什么样的人，自己就朝那个方向努力，或是为了完成某个考核，不得不设定相应的目标。这些都不能叫愿景，只有我们内心真正希望的方向才是愿景。也就是说，一个人一旦有了愿景，不需要激励，也会想办法去实现它。如果你做一件事情，需要外来的激励，那证明这件事情不是你真正想做的。

比如上班这件事，对大多数人来说，想必不是一个愿景。因为要赚钱生活，所以，每天不得不做一些自己不喜欢的事情，甚至与一些自己不喜欢的人打交道。

你是否想过，如果将工作视为实现愿景的途径会怎样呢？比如，你不想做某项工作，觉得很乏味，但你有一个愿景：将来自己做老板，或是自己做项目。这时，你工作的思维与心态就会发生微妙的变化，至少你不再讨厌这份工作，而把它视为学习、锻炼的机会。试想，如果连基本的工作都做不好，将来怎么独当一面？

所以，优秀的人都非常注重在工作中学习、成长，也愿意在工作中付出更多时间与精力。有时，他们放弃工作，不是因为讨厌它，或是做不好它，恰恰相反，因为愿景——要实现人生晋级，就必须不断向梦想靠近。

由此可见，同样是平凡的工作，一旦与愿景"挂钩"，并在脑海中形成一幅清晰的关于未来的图像，一个人的思维与心态就会因此发生微妙的变化。

这会给我们怎样的启示呢？那就是一定要学会建立自己的愿景。如果没有愿景，总是用一种"打工"的心态工作，于工作本身、个人成长毫无益处，建立自己的愿景，不但能激发自己的积极性与潜能，而且能加速个人成长与进步。这就是愿景描绘法则，也叫罗盘法则。

那么如何描绘人生的愿景呢？关键要把握好以下几点：

（1）思考一些深刻的问题

每个人都是独一无二的，而且所处的行业、背景、能力、资源等都各不相同，所以人生愿景也千差万别。但是，无论创立怎样的愿景，都要学会问自己一些深刻的问题。比如：

"在家庭、事业、财务、商业等方面，我的理想状态是什么样的？"

"有什么问题或负担让我烦恼、愤怒？"

"我要实现怎样的人生价值，愿景的人生意义在哪里？"

"目前，有没有更好的解决方案？如果有的话，怎么改进？如果没有的话，遇到新的情况怎么办？"

"我愿意为愿景付出的最大代价是什么？"

深刻、理性地思考这些问题，有助于创建一个更有人生意义的愿景。

（2）关注迫切需要解决的问题

轻而易举就能实现的目标不叫愿景。比如，你现在一个月的工资是7000元，那么"每个月赚5000元"就不是愿景。一个合理的愿景，通常具有一定的挑战性。为了实现愿景，必须关注一些迫切需要解决的问题。比如短板问题、情绪管理问题、人际关系问题等。例如，你的愿景是转行做一名程序员，目前的问题是：对一些主流的编程语言不够精通。那你迫切需要解决的就是专业问题，需要加强学习，尽快弥补自己这方面的短板。每个人的愿景不同，具备的能力不同，遇到的情况也不同，因此需要解决的问题也不同。

（3）制定一份愿景宣言

一旦你确立了自己的愿景，接下来，就要起草一份愿景宣言，这样，可以使愿景深入内心。尤其对一个团队，这一点非常重要。愿景宣言是对你和团队未来前进方向的简明描述，是团队的路线图，另外，愿景宣言陈述每个人应为团队承担的责任与工作。

在写愿景宣言时，要注意以下三点：

第一，阐明愿景是什么。应该将目标定得适当高一些，即未来 5 年、10 年，甚至更长时间可能发生的事情。比如，苹果公司的愿景是"让每人拥有一台计算机"。小米科技公司的愿景是"和用户交朋友，做用户心中最酷的公司"。

第二，描述在未来实现什么。埃隆·马斯克对太空探索公司（SpaceX）的愿景进行了这样的描述："我的设想是，在地球和火星之间建立一个完全可重复使用的火箭运输系统，能够在火星上补充燃料，这是非常关键的。因此当你要前往火星时，不需要携带返回的燃料。"

第三，获得反馈并进行修改。写愿景宣言不是编故事或口号，它是指导个人，或是一个团队的行动纲领。因此，一定要综合考虑各方面情况，并用简短、有力的话语进行概括。如果是团队愿景，在完成愿景宣言后，要多征求他人意见，并酌情进行修改，以形成一个清晰的，可以获得多数人共识的版本。

只有在脑海里描绘清晰、明确、完整的愿景图像，梦想罗盘才能指引你在正确的时间，以正确的方式去做正确的事。

2. 将愿景拆分成目标

现在，闭上眼睛想象一下 10 年后你变成功的样子：实现财富自由，有自己喜欢的事业，生活幸福……如果你愿意，还可以想象得更多。

如果一直想下去，它们始终是梦，如果有了追求，有了行动，它们就会成为愿景。当然，愿景不会自动实现，它需要被分解为若干个目标，各个目标达成了，愿景也就实现了。可以用九宫格的形式来写下自己的目标，如表3-1所示。

表3-1　个人目标九宫格

健康目标	学习目标	喜好目标
家庭目标	姓名： 日期：	生活目标
人际目标	事业目标	财务目标

我在讲堂上经常说，树立目标和实现目标的过程，是不断激发动力、能力的过程，也是不断成长的过程。很多人都有高考的经历，在考试之前，起早贪黑，努力学习，只怕时间不够用。考试一结束，整个人就彻底放松了。这个时候，你不再像之前那样，每天早早爬起来学习。为什么？因为目标没有了。当一个人没有目标的时候，他便没有了动力。

所以，我会问一些年长的学员："你们每天除了吃饭、睡觉，还做些什么？"有的说"打打球"，有的说"跳广场舞"，还有的说"没有追求，怎么开心怎么过"。我对他们说，你们要找一点事儿做，要有目标，还要再努力一点。如果一个人没有事做，不但容易精神颓废，而且生命的质量、状态也会下滑，这绝不是耸人听闻。很多学员听后，都深有体会。我给他们的建议是：一定要找到新的人生目标。

有人说："我现在也算小有成绩，就不用那么努力了吧？"

我问他："你是怎么理解梦想的？"

他说："我觉得梦想就是追求，能否实现不重要，重要的是曾经有过。"

我又问："那你现在还有梦想与追求吗？"

他说："梦想还是有的，就是想着多赚点钱，将来能活得自在一点。"

虽然他说自己有赚钱的梦想，但是，经过简短的交流，我发现他在现实生活中没有明确的目标。也就是说，心中有梦想，有愿景，但是没有将它们分解成具体的目标。这样的梦想、愿景可望而不可即。

在现实生活中，很多人只有愿景，没有明确的目标，为什么会出现这种情况？原因有两个：一是没有制定目标，二是不会制定目标。有的人认为愿景就是目标，这是不对的。

有了愿景后，还要学会把愿景付诸行动，怎么办呢？答案是：将大的愿景拆分成多个小目标，以及具体的步骤。在拆分愿景的时候，要遵循三个原则。

原则一：目标要符合现状。

在实现愿景的路上，从愿景中拆分出来的小目标，要符合此时此刻的能力，是自己经过努力可以实现的目标。否则，能力达不到，小目标都无法实现，最终的愿景也是空中楼阁。

比如，你的愿景是做一位成功的企业家，如果你只有这么一个愿景，而没有相应的奋斗目标，那会怎么样？只有每天做梦，想象自己很成功，而且不知道在哪些方面努力。最后，整个人会很颓废。如果将愿景拆分为一个个可行的小目标，然后有计划地去实现，愿景也会一步步实现。

原则二：目标要有难度。

目标在符合自身能力状况的同时，也要有一定的难度，是需要我们

"跳一跳"才能够得着的目标。这种适度的难度，心理学上称为"合意困难"。如果拆分出来的目标毫无难度可言，对自己构不成挑战，那就不能激发自己的潜能与斗志，无法拓展成长与进步的空间。

比如，你设定的目标是每个月赚9000元，即每天的目标是赚300元。如果一天只需工作4小时就能赚300元的话，那你每天在完成目标后还会非常努力吗？或者说，今天赚了1000元，明天要不要休息、放松一下？如果将目标定为每个月赚3万元，即平均一天要赚1000元。你每天要工作10小时才能完成目标，即使每天工作不到10小时，一个月下来，总收入还是较之前高。这是因为有一定难度的目标与毫无难度的目标给你的行为、思维造成的潜在影响是不同的。

原则三：要防止目标退化。

什么是目标退化？简单地说，就是只盯着小目标而忽略了大目标。目标没有难度，人们向愿景迈进时会非常缓慢，甚至停滞不前。而目标退化，则可能使你和愿景背道而驰。

18世纪，人们在海上航行时，无法准确定位，很多人因此命丧大海。后来，英国钟表匠哈里森发明了一种钟表，叫航海钟，可以实现海上定位。因为它的尺寸较大，他便试着把它改小些。经过几年的努力，钟变小了，但是他又觉得不够美观。于是，又花了很长时间来研究。他太过追求完美而忽略了"美观"只是一个小目标，人们真正在意的是它的可靠性。

在现实中，很多人容易犯同样的"错误"，即在一些细节或是无关紧要的事情上倾注过多的时间与精力，没有意识到真正要达成的愿景是什么。

每一个具体的目标，都是实现愿景的台阶，而愿景就像指南针，确保我们人生这艘大船不会偏离正确的方向。

3. 将目标细化为行动计划

行动一般都以目标为先导。为了实现目标，我们就要制订切实可行的行动计划，计划是联结目标和行动的桥梁，也是实现目标的前提。如果你是一个擅长做规划的人，而且有清晰的人生梦想，那可以将梦想自上而下分解，形成每月、每周、每日的行动计划。这样，看似庞大的目标体系，也会变得清晰而简单。

有了行动计划，你就会清楚地知道如何到达你想要去的地方，到达那里需要什么，以及你将如何在途中找到前进的动力。反之，如果没有一个可以坚持的计划，你往往很容易动摇和分神。这就是许多人不能坚持他们的初心，或没有如期实现一些年度、月度计划的原因。

什么是行动计划呢？简单来说，就是为实现目标而需要采取的行为，并保证这些行为可以操作执行的方案。为什么要制订行动计划？是为了确保执行顺畅，如期达成目标。

很多学员都有做行动计划的习惯，但据我观察，他们的一些行动计划存在的主要问题是：行动计划"拆"得不够细，粗枝大叶。计划需要拆成能放进时间表的事项才算数，要学会创建行动列表，在将一个目标拆为小的行动后，要为每个行动增加两个参数：一是需要的时间，二是什么时候开始。这样的行动计划才方便执行。接下来，完成一项计划便划掉一项。

一些学员自从创建了行动列表后，焦虑感明显降低了，行动变得有条不紊。因为他们有机会跟踪一些计划的进展，确切地知道该做什么，什么时候需要做。当然，每完成一项任务时，大脑会释放多巴胺。这让他们非常享受每次划掉已完成计划带来的快感。

通常，制订行动计划的步骤包括：

（1）分析现状

这是制订计划的依据。制订计划前，要进行工作现状的分析和研究，总结以往所发生的问题点、原因及行之有效的解决对策。

（2）确定做什么

即确定工作目标、工作任务和要求，这是计划的核心内容。目标是计划的前进方向，同时要规划出在一定时间内所完成的工作任务和应达到的标准。根据工作的不同，有些工作任务和标准需要制定质量、数量和时限要求，以求具体明确。

（3）确定如何做

即确定工作的方法、步骤和措施。明确目标和任务、要求之后，要基于主客观条件，确定工作开展使用不同的方法，确定各项工作开展的阶段步骤，以及为了保证完成工作所采取的具体措施等。制订一份有效的行动计划是完善自己工作的基础和前置条件。同理，要想有效完善自己的工作，在计划制订之后，更重要的是后续的执行、检查和总结提高。

在按上述步骤制订行动计划时，一定要采用 PDCA 循环。

PDCA，是英语单词 Plan(计划)、Do(执行)、Check(检查) 和 Action (处理) 的首字母组合，PDCA 循环就是按照这样的顺序进行行动目标管理，并且循环不止地进行下去的科学程序。P 包括方针和目标的确定以及活动计划的制订。D 指具体运作，实现计划中的内容。C 是检查、总结执行计划的结果，分清哪些对了，哪些错了，明确效果，找出问题。A 是对检查的结果进行处理，对成功的经验加以肯定，并予以标准化；对于失败的教训也要总结，引起重视。对于没有解决的问题，应提交给下一个 PDCA 循环去解决。

按照 PDCA 循环，在做行动计划之前首先制定一份行动计划表，然后才是执行、验证和总结等，如表 3-2 所示。一份合格的行动计划表，对工作既有指导作用，又有推动作用，是建立正常的工作秩序、提高工作效率的重要管理手段。

表 3-2　行动计划表

序号	表现性目标	P（计划）	D（执行）	C（检查）	A（处理）
1					
2					
3					
4					
5					

在上表中，序号代表 PDCA 循环的次数，即"2"代表第二轮 PDCA 循环。

俗话说："好的开始是成功的一半"，如果你没有行动计划，那么实现目标往往只是空想，何谈成功？由此可见，无论做什么事情，制订计划是多么重要。因为没有计划，就是在计划失败；有计划，就是为成功的目标铺路。

在制订行动计划时，一定要结合实际，考虑真实的能力和知识水平，不能夸夸其谈，制定一些不切合实际的目标。只有制订可行性计划，才更容易实施、实现。同时，行动计划要具有一定的灵活性，能根据实际情况进行调整。

4. OKR：目标的聚焦与分解

在现实生活中，无论你从事什么行业，都应知道一个简单的职业逻辑，即不是你先有了工作，然后才有了目标，恰恰相反，是你先有了目标，才能确定接下来做什么。因此，无论是个人还是企业，都需要将自己的梦想使命转化成目标，或是人生里程。这样，可以使工作变被动为主动。当然，转化的工具有很多，这里介绍一个实用工具，叫 OKR。

OKR 是英文 Objectives and Key Results 的缩写，即目标与关键成果法。它起源于 MBO（目标管理），最早由安迪·葛洛夫提出。他在英特尔公司任职时，将目标管理叫作"iMBOs"，并且在谈及目标时定会提到关键结果（Key Results，KR）。后来，约翰·杜尔将安迪·葛洛夫的方法命名为 OKR。

1999 年，美国谷歌公司最先将它引入管理中，并沿用至今。在谷歌之后，领英等企业也开始引入 OKR。2015 年之后，中国的百度、华为、字节跳动等企业也开始使用和推广 OKR。

OKR 可以分成两部分来理解：一个是 O，一个是 KR。目标是一块，关键结果是一块。关键结果是对目标的量化分解，把二者关联起来，就形成了 OKR。

例如：

一家创业公司为自己的一款 App 产品设定了如下战略目标：

目标 O：产品性能在同行中达到领先水平；

关键结果 KR1：99.9% 的正常运行率；

关键结果 KR2：响应时间少于 800 毫秒；

关键结果 KR3：让用户感觉不到明显的加载过程。

随后，又将每个关键结果分解为 3~5 个行动计划。

在这个案例中，每一个具体的行动计划都需围绕其上一级的 KR 制订，每一个 KR 又都是实现战略目标的重要支撑，三个 KR 就像三个角，可以稳固地托起战略目标。

通常，从目标 O 的制定，到具体的行动计划，整个分解流程如图 3-1 所示。

梦想，可以理解为是一个人的"战略"，或者简单地认为是：做什么或是不做什么。二者同等重要。从这个意义上说，OKR 并不是一张待完成的任务清单或是行动计划书，它的核心思想是聚焦。

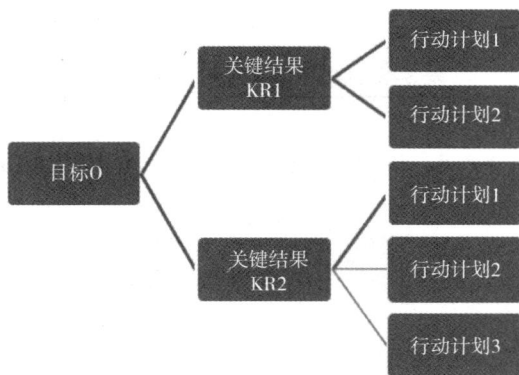

图 3-1 OKR 分解流程

每个人的精力和时间都是有限的，只有将更多的时间与注意力聚焦在与梦想息息相关的重要事情上，才能提升个人的效率，并尽快促成梦想的实现。很多人都有这样的经历：年度目标非常清晰，且制订了严格的计划，但是，一年下来，多次修正自己的计划与年度目标，结果，年度目标没有达成。

为什么会出现这种情况？原因有二：一是时间与精力有相当一部分都用在了与目标并不相关的事情上，只注重做了什么，做了多少；二是按部就班推进，没有聚焦核心业务。

如何改变这种局面？需要用到 OKR。

过去，我们经常听到一个词，叫 KPI（关键绩效指标），它是一种绩效考核方法。如今，很多人依然把 KPI 作为主要的考核工具。你可能会说："KPI 那么好，为什么还要用 OKR？"

运用并不等于取代，而是为了更好地融合。KPI 与 OKR 本身并不是对立的，OKR 注重对过程的管理，而 KPI 侧重对结果的考核，不同的工作内容，追求不同的目标，应选择不同的工具。OKR 与 KPI 的主要区别如表 3-3 所示。

表 3-3　OKR 与 KPI 的对比

项目	OKR	KPI
定义	目标与关键成果，是 Objectives and Key Results 的缩写	关键绩效指标，是 Key Performance Indicator 的缩写
本质	不以考核为目标，聚焦个人的重要领域	是典型的绩效考核工具，"你选择衡量什么，你就得到什么"
考核标准	分数并非越高越好，不一定追求 100% 完成，但需知道极限在哪里，上升的空间有多大	分数越高越好：100% 完成，获得奖励

续表

项目	OKR	KPI
设计立足点	目标相对模糊，更关注提出极具挑战性和追踪意义的方向	用非常明确的定量指标来衡量战略执行的情况，KPI追求的是100%的完成率
设计过程	注重上下左右的多维互动，强调"方向的一致性""员工的主动性"和"跨部门协作"	自上而下委派，即对企业战略进行层层分解，对要获得优秀的业绩所必需的条件和要实现的目标进行自上而下的定义
驱动机制	利用员工的自我价值驱动实现绩效目标	借助外部因素（如薪酬、职位）建立一种"契约式"的关系来调动员工的主观能动性

在设置人生里程或是制定目标的过程中，自我管理是非常重要的。在这方面，很多人都有切身体会，他们也会想各种方法来提升自己在这方面的能力，如制订行动计划表、改变自己的生活习惯等。

有一位学员，是一家上市公司的大区经理。据他讲述，初入职场时，他工作没有头绪，甚至一度看不到自己的未来。他学习了OKR后，开始提升自我管理能力。

2019年第一季度，他为自己设定了这样的目标O与关键结果KR：

目标O：成为一名足够专业的职业生涯规划师。

KR1：找出自己在咨询准备、方案选择、咨询后跟进中的问题，并优化咨询流程。

KR2：为客户制订个性化的规划方案，存档率达到90%。

KR3：客户的满意率达到90%。

针对每个KR，他又制订了三条行动计划，例如，针对KR3，他的行动计划为：

Plan 1：每天看 2 小时书，加深对相关理论知识的掌握。

Plan 2：每天向前辈请教 3 个自己不擅长的问题。

Plan 3：一周参加一次专业培训。

三个月后，他的业务能力有了长足进步，并被公司评为"优秀员工"。

从这个案例中可以看出，这位学员的自我管理做得非常好，他不但目标非常明确，而且每天学习、实践、分析，在学习中成长，在实践中纠错。可见，OKR 可以让你自发地跳出"舒适区"，并不断将"学习区"变为"舒适区"，减少"恐慌区"，从而实现个人的快速成长。这也是一些优秀的人或公司推崇 OKR 的原因。

OKR 的目标不是为了考核，而是让员工站得更高，看得更远，始终与组织目标保持一致。如此一来，员工会自然而然地跳出"舒适区"，主动尝试做超出自己能力范围的事，即"学习区"。于是，当面对一项工作时，他们不但会选择 100% 投入、100% 完成、100% 做好，而且知道自己的极限在哪里，有多大上升空间。

所以，在使用 OKR 的优秀团队或个人身上，我们可以看到这样一种现象：每个人都是工作能手，他们始终清楚自己当前的任务是什么，并能够主动且带有创意地完成任务，而且，他们在工作中有相当的自由度。

第二章　寻找资源

智力、想象力及知识，都是我们重要的资源，但是，资源本身所能达成的是有限的，唯有有效性才能将这些资源转化为成果。

——德鲁克

1. 盘点现有的关键资源

无论是刚入职场还是中期转型，在选择职业方向或是勾勒职业前景之前，都需要对自己进行充分的评估，尤其是对自身资源的评估，是极其重要的一环。

我们常说，有多大能力办多大事。在追求人生梦想的路上，往往是有多少资源能成就多大的梦想。资源是职业发展的杠杆。具有相同教育背景的人比比皆是，但是他们在步入职场 5 年甚至 10 年后，差距会逐渐显现出来。我们习惯把造成这种差距的原因归结为"机会""能力""贵人"等。归根结底，还是资源。从这个意义上说，资源也是能力的一部分。

所以说，成功离不开资源这个杠杆，从现在开始，在埋头苦干的同时，不要忽略了你现有的资源，特别是一些关键资源。对个人成长来说，哪些资源算得上是关键资源呢？

（1）智力支持资源

认知决定了一个人的发展上限。脑袋里想不到的东西，你的口袋也很难得到。比如，你与别人拥有同样的起点，但是别人能看见的机会，你看不到；别人能发现的价值，你却发现不了；别人能看见的关键资源，你却视而不见。很快，你们之间的差距会越来越大。为什么？因为认知问题。

很多人之所以能创业成功，并不是因为拥有多少过硬的技术，而是能获得更多智力支持。例如，有些公司的老板文化水平确实不高，但是认知能力很强，特别是涉及一些专业技术的东西，他可能并不在行，但是，他可以获得相关专业人员的智力支持，从而弥补自己的短板。

想一想，你为了梦想，是在单打独斗，还是在尽可能获得他人的智力支持？从现在起来盘点一下你可以利用的相关资源有哪些，比如，你都认识哪方面的专业人才，你需要哪方面的智力支持等。

（2）市场资源

谈到"市场"，自然会联想到企业、营销等，其实，个人成长也需要市场。因为在市场经济中，每个人既是社会人，也是经济人，其成长离不开市场。特别对有创业梦想的人来说，你一定要盘点自己掌握的市场资源有哪些，比如品牌影响力、渠道、获客方式、原材料供给、客户群体，以及和自己可能产生业务关系的上下游企业，自身在整个产业链中的价值等。如果你拥有了相当的市场资源，那意味着你将快人一步。

（3）人才资源

俗话说，"独木不成林""一个好汉三个帮"。成长的过程也是竞争的过程，在这个过程中，你自己再厉害，也无法独自扛下所有工作和问题，必须依靠其他人在智力、体力、精力、功力等方面进行互补、分担、分挑。不同经验、能力、态度、状态的人会释放出不同的能量，不同能量所换回的结果与成果存在显著差别。所以，你要学会将适用的、互补的、优秀的人整合在一起，为了一个共同梦想并肩奋战。尤其对怀揣创业梦想的人来说，能走多远、行多久，很大程度上取决于其对人才资源的争夺、开发、利用程度。

（4）资金资源

也许你认为，要谈梦想就别谈钱，否则很俗气。其实不然，我们要把钱视为一种工具，你的梦想可以是"赚钱"，反过来，也可以用钱来帮助我们圆梦。例如，你的梦想是做好公益事业，帮助更多弱势群体。那有些问题你必须考虑：钱从哪里来？你的经济能力如何？只出不进，公益热情能持续多久？很多时候，梦想离不开现实，更确切地说，离不开钱。所以，在逐梦之前，你要盘点自己有多少本钱，将来哪些地方会用到钱，用多少，以及缺钱的时候去哪里寻找资金等。做这样的通盘考虑，才不至于陷入"一分钱难倒英雄汉"的窘境。

（5）人脉资源

如今，很多人都避免无效社交，喜欢结交有价值的人脉资源。其实，人脉资源有没有效，并不在于对方的身份、地位，而在于你的需求。

比如，你摆地摊，就无须结交你所认为的"高端人脉"，你做的是小生意，就不必踮着脚去攀附行业大佬。这对你来说不是人脉，也不是资源，而是"奉承"，不要也罢。真正的人脉不是你的通讯录里有多少人，也不是有多少人认识你，而是持续和你打交道的人有多少，在你困难的时候能够出手相助的人有多少。人脉资源不在数量，而在质量。优质的人脉能为你开启所需能力的每一道门，让你不断成长。仔细想一想：你身边有多少这样的人？

认真盘点自己拥有的关键资源，一方面可以看清自己还欠缺哪些资源，哪些是需要弥补的，哪些是可以接受的，哪些是存在风险的，以做好防范，另一方面对现有资源进行优化整合，使其发挥更大的功效，从而"放大"自己的能量，加速实现梦想。

2. 分析实现目标的障碍

从目标、行动计划的制订，到执行，再到目标的达成，这中间有多个环节。其中，在执行行动计划的过程中，不但需要把握好一些细节，还要克服一些不可避免的障碍。如果目标合理，行动计划也没有问题，结果目标没有达成，那么问题往往出在执行力上，执行力强弱的重要衡量标准就是克服障碍的能力。

在影响目标实现的障碍中，很大一部分是可以预见的。提前分析这些障碍，不但可以提升执行力，也可以降低目标实现的难度。在这些可预见的障碍中，有80%是内在障碍，比如不自信、专业能力差、悟性低等，有20%是外在障碍，如外部环境的变化、不可预知的问题等。很多时候，不能正确分析、对待这些可预见的内在障碍，会增加我们实现目标的难度，并给我们带来痛苦。

下面，我们一起来分析一下，究竟有哪些障碍会影响目标的实现。

（1）目标不现实

不明确，太笼统，或是根本没有可实现性的目标没有意义。比如，你想成为一个作家。这个理想很好，但是你考虑过自身的基础与条件吗？如果缺少文学素养，文字功底较差，甚至连基本的语法、修辞等基础知识都没有掌握，这个作家梦实现起来就非常困难了。如果你一定要实现这个梦想，你必须先认识到都存在哪些障碍，并不断地克服这些障碍。如果认识不到这一点，目标的实现就无从谈起。可以说，很多人的目标之所以无法实现，最大的障碍就是目标定得太离谱，即没有可实现性。

（2）追求的东西太多

目标并不是越多越好，同时追求太多的目标也会成为行动的障碍。有的人好大喜功，什么都想做，结果什么都做不好。为什么？专注力不够，容易产生焦虑情绪，即便勉强完成一些目标，效果也不尽如人意。有的人认为自己是多任务处理的大师，但实际并非如此。切记不要让自己的目标太多，负担过重，学会分清轻重缓急，这样你会更快地达成目标。

（3）计划不周全

每个目标都需要一些计划。如果你忽略了从 A 点到 B 点的步骤，你很可能永远到不了 B 点。比如，你想在明年将客户的数量增加一倍，你是否想过，要增加客户数量，员工数量要不要增加？如果要增加员工数量的话，运营成本要不要增加？如此会带来一连串问题，可以说牵一发而动全身。因此，计划一定要周全，如在哪个环节可能出现哪些问题，应采取哪些策略等，都应考虑周全。

（4）习惯找借口

每个人都会时不时地找借口。通常，当一件事情没有按计划完成时，我们找借口来解释"为什么没有完成"，要比找"如何来完成它"的方法更容易。所以，我们习惯找借口来自我逃避。这也是影响目标实现的一大障碍。在精神层面上，生活的意义有很多，有的人是为了梦想，有的人是为了责任，不管如何一定要找到一个意义，来解释自己奋斗、生活的原因。很多人在不如意时，擅长找借口，因为借口太好找，甚至有人不惜扭曲事实找借口，其实他们求的就是心安理得，久而久之，就会一蹶不振。

（5）害怕失败

因为害怕失败而不去行动，或是不能竭尽所能，也是实现目标的一大障碍。当然，没有人愿意失败，而对失败的恐惧往往源于对完美主义的追求。失败并不是一件坏事，永远不要用失败定义自己，或阻碍你实现自己的目标。有人曾说，若是把我们每个人的潜力都激发出来，那么人人都能有所作为。之所以无法如此，最根本的原因就是，害怕失败，不敢为未来找出路。

（6）习得性无助

宾夕法尼亚大学的马丁·塞利格曼博士曾长时间研究"习得性无助"这一现象。他与成千上万人进行交谈，并观察、研究他们的行动，最后得出一个结论：超过80%的人都在承担"习得性无助"现象带来的后果，有的甚至深受其害。当我们处于"习得性无助"时，会认为自己缺乏实现目标或是自我提高的能力。这一现象最普遍的表现之一，就是人们常说"我做不到"这样的话。

（7）未设定最后期限

无论是学习一项新技能，还是成为一名行业佼佼者，都要给自己设定一个期限，并把它写下来。如果你把目标写下来，那你实现目标的可能性会增加。为什么最后期限对实现目标如此重要呢？因为它会迫使你对自己的时间负责。如果你想减掉30斤体重，截止日期是什么时候？如果你有明确的截止期限，要么完成它，要么宣布减肥失败，这会给你带来一些压力，并促使你做出更积极的行动。

（8）拖延你的目标

在所有导致我们无法实现目标的原因中，最致命的莫过于拖延。比如，你决定要自学一门技术，前天计划学习 3 小时，结果只学了 1 小时，昨天学了半小时，今天只学 10 分钟就坚持不下去了，想着"等晚上有时间再学吧"。接下来的几天，你可能"根本没有时间学"。为什么？因为你习惯了拖延。根据《哈佛商业评论》的说法，克服拖延症的最好方法之一就是公开承诺。大多数人不想成为别人眼中的"懒虫"，或者像个失败者，因此，适当公开承诺自己的行动计划，有助于促使自己克服拖延的习惯。

现在，我们知道一些人不能达成目标的原因。综上所述，根本原因在于，他们没有预见一些内在的障碍，并给出针对性的解决方案，或者说即便预见了，也不愿意付出一定的时间、精力与体力来自我蜕变。当然，也有一些人不但无法预见、分析潜在的障碍，还会人为制造一些新的障碍。这样一来，那"了不起"的、闪亮的 A 计划自然无法达成，即使是看上去不错的 B 计划，也大半会流产。

3. 穷尽所有资源为我所用

所有资源为我所用，是一个成功者的思维。放眼全球，你会发现：凡站在金字塔顶端的人物，要么忙着合纵，要么忙着连横。他们都在忙着整合一批又一批资源。谁拥有资源，谁拥有整合的主导权，谁就掌握了话语权。

把我的资源与你共享，把你的利润分一点给我，把你的资源与我共享，把我的利润分一点给你，整合就是借力、就是利用，善用彼此的资源创造共同的利益，这就是资源整合。董明珠不会做空调，却有一帮会做空调的人帮她打造了空调帝国；陶华碧不善做管理，却有懂企业管理的人帮她将"老干妈"这个品牌推上了国际市场。通过资源整合，可以帮助自己快速达成目标。

比如，如果你有好项目缺资金，你需要整合资金，如果你没有掌握整合资金的方法，再好的项目也是纸上谈兵，无法开展。如果你有好项目缺资金缺人才，你需要整合人才的策略和方法，如果你没有掌握整合人才的方法，你只能单枪匹马，永远也做不大。如果你有资金有团队缺好项目，那么你需要整合项目的策略和方法，如果你整合不到好项目，你想获得较高的资金收益率就比较难。再如，对创业者来说，如果想轻松管理一个团队，一定要找一些得力的帮手，否则，自己很难从繁忙的事务中脱身。

所以说，我们一定要想尽一切办法去整合自己所需要的资源，借别人的资源、别人的资金、别人的智力、别人的影响力等为我所用，这是最快捷高效地实现目标的手段之一。

很多学员之所以千里迢迢跑来听我的课，就是为了寻找资源。事实也是如此，我不但授课，也帮助大家整合资源。有缺管理的，我可以教他与擅长管理的老板合作；有缺技术的，我就教他与擅长技术的老板合作；有不懂营销的，我就教他与懂营销的人合作。大家在这里可以整合到自己需要的很多资源，来弥补自己的不足，所以，他们就没有必要花很多时间研究自己的短板。

当然，在穷尽所有资源为我所用时，一定要学会创新，要掌握方法。我提出的寻找资源的六步法，曾帮助过不少学员。该方法简单适用，具体如图 3-2 所示。

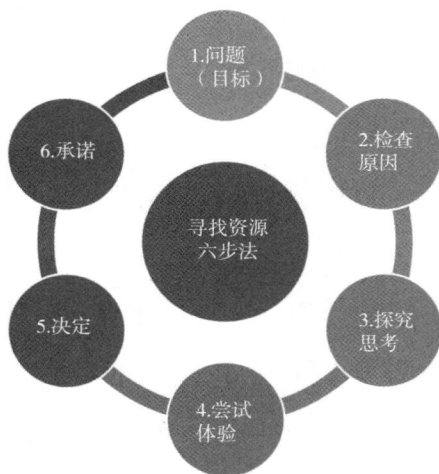

图 3-2　寻找资源六步法

"六步法"是分析如何解决资源问题的实用方法。下面的问题需要每个人思考：

> ➤ 如果没有任何限制，你会采取什么方法呢？

> ➤ 这些方法是否可以相互嫁接产生新方法呢？

> ➤ 你为什么认为只能选择这些方案？

> ➤ 如果反过来做，又怎么样呢？

- ➤ 你们的创新方案可以打几分？
- ➤ 方案之间有相似的吗？
- ➤ 可以分开和整合吗？
- ➤ 整合后可以解决问题吗？
- ➤ 还有其他解决方案吗？
- ➤ 如果解决方案都执行到位，能达成目标吗？
- ➤ 解决方案是突破原有思维的吗？
- ➤ 这个方案需要什么人帮助你？
- ➤ 你如何推动方案执行？
- ➤ 这些方案的投入产出比如何？
- ➤ 这些方案的可行性如何？

在今天，你还在单打独斗吗？如果是，请你如实回答上述问题，并试着结合六步法来寻找自己可以利用的资源。

要知道，在这个时代，不是你愿不愿意整合资源，而是你自觉或不自觉地被时代大潮推动着——你只有两个选择，要么你整合别人，要么你被别人整合。如果你能整合别人，证明你有能力；如果你能被别人整合，证明你有价值。

在资源整合之前，我的是我的，你的是你的。资源整合之后，我的还是我的，你的还是你的；不管是你的还是我的，都是大家的。这就是资源整合前后的主要区别，既保留各自的独立性，又有合作的集体责任和共同职责，两者是相辅相成的关系。

正所谓"万物不为我所有，但皆可为我所用"。未来是集团作战、打群架的时代。谁拥有整合思维，谁擅长合纵连横，谁必将在未来笑傲江湖。不管是个人、企业，或是大型集团，都在互相参股，都要合纵连横，这就是大势所趋。

第三章　落实计划

现实是此岸，理想是彼岸，中间隔着湍急的河流，行动则是架在川上的桥梁。

——克雷洛夫

1. 先从实现小目标开始

现在，你想象这样的画面：停电了，你必须爬上 30 层楼梯。你是不是觉得这是个不小的挑战？的确，它对每一个人都是不小的挑战。但是，只要你先行动起来，暂时不要想着要爬多久，只管一层一层往上爬，并找到一种节奏，不经意间，你就会爬到 10 层、20 层。

实现人生的理想，也是这个道理。很多人都有自己的梦想，但穷极一生都没有机会实现而遗憾终生。有了人生梦想，如果有条件有能力实现固然好，一时实现不了也不要紧。从现在开始，先让自己行动起来，尝试去实现一些小目标，如果能从中得到快乐，并感到充实，且能体验到人生的价值，那就持续下去。这样连续几个月，甚至一年，你的人生方向会越来越清晰，你与梦想的距离也会越来越近。

举个例子：

你决定下个月参加朋友的婚礼，为了展现良好形象，你想用 1 个月的时间将体重减掉 50 斤。在一般人看来，这几乎是一件不可想象的事情。但是，你每天都去健身房，虽然每次锻炼后没有明显的变化，但是你坚持下来了。1 天、2 天，变化不明显，10 天后，你瘦了 5 斤。再过 10 天，你又瘦了 8 斤，30 天后，你减掉了 20 斤，虽然与预期的结果有相当差距，但是非常不错了。如果没有每天的坚持，或是中途放弃，即便减掉 10 斤也非常困难。

实现人生的理想也需要从完成小目标开始，一步一个脚印前进。比如，你有一个关于未来 5 年的人生规划，如何实现这个规划呢？可以把它分解为 5 个年度计划，每个年度计划再分解为 12 个月度计划，以此类推，最后形成每天的行动计划。你只要每天按照计划执行，高质量完成目标，随着时间的推移，你会越来越接近目标。在这个过程中，你不但收获了成绩，也收获了信心，同时，也会不断夯实人生的基座。如果你的心思都放在"要减掉 50 斤"上，不但会给自己增加心理负担，也容易产生懈怠情绪。

既然实现小目标如此重要，那目标多小才算合适？

先解释一下"小"的概念。每个人对"小"的理解不同。如果找 5 个人来，让他们分别用 10 天时间完成一样的目标，每个人每天做的事情很可能是不一样的。因为有的人步子大，有的人步子小。步子大的，可能 5 天就完成了，步子小的半个月也完不成，而步子太大的，虽然用 3 天时间完成，但是目标很可能不达标，从头再来的话，会耽误不少时间。可见，"小"也是有讲究的，不是越小越好，只有小得恰到好处，才能既保证效率，又保证质量。

小步骤、小目标有助于实现梦想。目标太大，步骤空泛，有劲儿使不上；目标太小，会在无足轻重的事情上消耗过多的时间与精力。

那么高效的步骤、目标该怎么规划呢？

从时间跨度来看，步骤只需不到一个星期来完成，目标是人们制订的过渡计划，分为短期目标和长期目标。短期目标需要 1～3 个月来完成，长期目标需要 3 个月到半年来完成，梦想则需要半年以上时间来完成。

也就是说，短期目标、长期目标与梦想的关系就像阶梯一样，行动的时候，要从短期目标开始，即眼睛要盯着下一个台阶，而不是很远的台阶。梦想是主动力，它比目标更大，一般要花半年以上的时间才能达成，而且，你此前从未实现过这一梦想。比如，初入职场的程序员的第一个梦想可能是"100 万次下载量"。但是，对一个经验丰富的程序员来说，"100 万次下载量"也许只是一个月度或季度目标。

这里做一个提醒：心怀梦想能让人保持动力，但完全专注于梦想会让人把步骤规划得太大，以至于半途而废；目标才是关键，你需要专注于完成具体的小目标，校准思路。只有这样才能使改变更加持久。所以，我们应将主要精力用来完成步骤和目标。

对于梦想与目标，也许你有了很多思考，你变还是不变？要不要实现自己的梦想？请你鼓足勇气，从实现每一个小目标开始吧！

2. 要事第一，做好时间管理

时间对每个人都是公平的，每个人一天都有 24 小时。但有的人觉得时间不够用，有的人却闲着无所事事，归根结底，是因为他们都不善于时间管理，不能提升时间的效率。

计划一旦形成，在落实的过程中，为了提升效率，需要把握好一个重要的原则，即要事第一。一件事情重不重要，往往需要根据目标来定，只要是有利于目标实现的事情都是要事。

美国管理学家史蒂芬·柯维在《要事第一》❶ 一书中提出了时间管理的四象限法则。该法则之所以受人欢迎，主要是因为简单实用。学习、了解四象限法则对个人工作、生活、学习、人生计划具有重要的指导意义。

该法则按照"是否重要"与"是否紧急"，将事情分为四类，分别为：重要且紧急、重要不紧急、紧急不重要、不重要也不紧急，并分别对应四个象限，如图 3-3 所示。

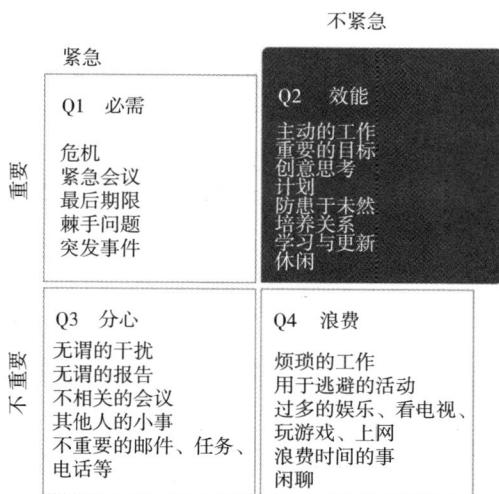

图 3-3　时间管理四象限

---

❶ 史蒂芬·柯维，罗杰·梅里尔，丽贝卡·R.梅里尔.要事第一[M].刘宗亚，王丙飞，陈允明，译.北京：中国青年出版社，2022.

第一象限：重要且紧急。重要且紧急的事情，要求我们立即去做。在工作实践中，我们的压力主要来自第一象限，生活中的危机也主要来自第一象限。通常情况下，它表现为急需解决的困难、重大项目的谈判、即将召开的重大会议等。

第二象限：重要但不紧急。重要但不紧急的事情，如编写新年度工作计划、制定下一阶段工作重心、高考前复习功课等。这一点需要我们极为注意，诸如此类的事情，看起来不紧急，但因为其具备重要的属性，且有一定的时间限制。如果置之不理，听之任之，在未来的某个时刻可能会发展为重要且紧急的事情。

第三象限：紧急但不重要。紧急不重要的事情，通常是那些小事情，但是来得却又很紧急。这一象限的事情具有很强的迷惑性。比如来了一个紧急电话，领导临时安排了一项工作，突然到访的一位朋友，不必要的邮件短信回复等。如果对其层次认识不清，很可能会将其当成紧急且重要的事情，浪费宝贵的时间。

第四象限：不紧急也不重要。诸如此类的事情，通常没有紧迫性，更没有任何重要性可言。这些事项的存在，都是在消磨和浪费时间。比如玩手机、打游戏、大街上游荡、朋友间闲聊、发呆等。

在现实中，该如何正确运用四象限法则呢？关键把握以下两点：

（1）时间分配

在四象限中，有两个维度，即事项与时间。随着时间的推移，事项的性质会发生变化。因此，对四象限中的事务进行时间分配就变得非常关键。

通常，处理四象限事务的时间分配比例为 20∶50∶25∶5。根据"二八定律"，即帕累托法则：20%的事务起决定性作用，80%的事务起辅助性作用。这样一来，既有足够的时间来处理第一象限中的事务，第二、第三象限中的事务也可以有序推进。

（2）处理原则

在处理四象限中的事务时，应遵循以下原则：

第一象限：马上做。如果这件事情是你不擅长的，你可能会拉长进度，怎么办？提前规划，提前做。多听取他人意见，查阅资料，权衡分析，在可控时间内提前完成，再去复盘一遍，检查是否有遗漏，及时弥补，最终达成目标。

第二象限：计划做。这项工作不用完全占据你的时间，你可以按照工作事项有条理地分配，在规定时间内逐项、逐点落实，确保为后续的工作提供充足时间。

第三象限：授权做。这类事情可以放权给其他人做，比如让下属做，只给予他方向，帮助他完成，减少自身压力。

第四象限：减少做。尽量不去做此项工作，纯粹是消磨时间。

综上所述，在正确运用四象限图时，首先要知道哪些事重要，哪些事不重要，并对它们进行分类。在此基础上主动放弃一切"不重要也不紧急"的事，拒绝大部分"紧急但不重要"的事，如此，可以将80%的时间用在"重要但不紧急"的事上，并抽出更多时间来处理焦虑之源——"重要并且紧急"的事情，这样会让自己达到一种"忙但不焦虑"的状态。

3. 设置奖励预期

每到周末的时候，你会感到很开心。知道为什么吗？你会说"因为不用上班""因为可以出去游玩"等，无论哪种情况，在你感到开心的时候，大脑会分泌一种叫多巴胺的物质。它可以影响一个人的情绪。准确地说，它更像一种奖励系统，就是当你实现目标，得到奖励时，大脑就会分泌多巴胺。

比如，很多人在接触短视频平台后，从此一发不可收，刷小视频刷得停不下来。即便有非常强的自制力，也难以克制自己的一些行为，为什么？因为多巴胺的奖励系统，它会让你在刷小视频的过程中源源不断地获得快感。

了解这个奖励系统，有助于我们养成新的习惯，即为了强化自己的某一行为，我们要及时地获得正面反馈，以让自己有动力坚持下去，否则，这种行为就很难坚持下去。

那如何适当地设置奖励，从而帮助自己提升执行力呢？

（1）在关键节点设置奖励

比如，在执行计划的过程中，可以在第 10 天、第 20 天、第 30 天、第 60 天、第 100 天这些关键节点，给自己设置一些完成目标奖励，这类似于闯关游戏，每次成功地解锁一个关卡，就能获得奖励。很多 App 为了增加用户黏性，会设置各种打卡和排名活动，原因就在于此。

有些行为难以坚持，比如你很少长跑，如果只凭一腔热情去运动，肯定坚持不了几天。因此，你可以在一些关键节点为自己设置奖赏，如坚持5天奖励什么，坚持10天奖励什么，等等。

（2）物质奖励和精神奖励并重

不少人在执行计划的过程中，给自己设置一些物质上的奖励，这无可厚非。比如，坚持运动30天，给自己买套新衣服；坚持运动100天，送自己一台电脑。物质奖励是有形的，它的好处在于能帮助我们清晰地看到自己的进步。除此之外，精神奖励也很重要，如奖励自己看一场电影，或是外出旅行等。精神上的奖励有时候能更好地唤醒自己强大的意志力。

（3）把握好奖励的分寸

在设置奖励的时候，人们很容易犯一个错误，那就是将放纵视为奖励。例如，按时完成了一个周计划，结果奖励自己"三日游"，或是这个月超额完成工作任务，得到500元奖励，结果请客花了1000元。像这样的自我奖励就有失分寸，失去了应有的意义。

记住，奖励不等于放纵。放纵的后果通常和我们的目标背道而驰，而奖励则能够更好、更快地让我们达成目标。

（4）回味获得奖励的感觉

在得到奖励后，如何让它发挥最大的功效呢？方法很简单，那就是回味达成阶段性目标带来的喜悦。通常，在得到奖励之后，我们只是兴奋一会儿，很快就会冷静下来。其实，要发挥奖励的功效，应学分充分地享受奖励带来的喜悦，并把这种感受牢牢地刻在脑海里，这种深刻的体验有助于提振自信心，也符合积极情绪的"扩展—建构理论"。该理论认为，积极情绪能拓展个体的瞬间思维——行动范围，进而建构持久的个人资源，如智力资源、生理资源、心理资源和社会资源等，从而给个体带来长期的适应性益处。

从现在起，请积极地为自己设定目标，再给予自己产生各种正面情绪的奖励吧！这有助于你做出迅速而坚定的行动，并不断提高做事效率。

4. 借助困境想象提升执行力

为什么越厉害的人，越能激发出持久的能量，并有超强的自律能力？因为他们善于将目标外化为行动力。在追逐梦想的道路上，不管计划有多完美，想象有多新奇，如果没有执行力，你永远无法感受成功的喜悦。

很多人不理解这一点，认为一个人的行动是由利益、压力等驱使的，如"看到有利可图，当然愿意行动"，或是"那么大压力，不做怎么行"。其实不尽然，一个人主动做事的习惯，往往是由思想控制的，与此同时，行动又会改变思想，如此一来，无论情况怎样变化，他们的态度都是"先迈出第一步再说"。这是一种怎样的思想呢？既然它这么神奇，是不是每个人都拥有呢？

这种思想我们称为"困境想象"，当然，并不是每个人都善于运用这种思想。事实证明，它可以在一定程度上提升个人的执行力。尤其在面对困难的时候，它会让我们变得更理性、更积极。

曾经，一些研究人员在美国加州大学做了一个实验。在一次期中考试前，他们将学生分为三组，第一组每天花几分钟，幻想自己取得优秀成绩的积极结果。第二组每天花几分钟，思考即将面临的考试有哪些困难，需要怎么解决。第三组是对照组，他们无须做任何事情。考试结束后，研究人员发现：第二组的成绩最高，成绩最低的是只幻想积极结果的第一组。

这个实验给我们哪些启示呢？很重要的一点就是，乐观虽然是一种好品质，能够帮助我们战胜困难，但容易让人产生盲目自信，单纯聚焦于对美好结果的想象。在这种情况下，一个人越是沉浸于对未来的美好想象，就越容易忽视在真实世界中的努力。

当然，我们的大脑有一个漏洞，它似乎"分不清"哪些是真实发生的，哪些是想象出来的。如果你每天都"躺"在功劳簿上，大脑会认为你真的很厉害。既然大脑都这么认为了，你也就懒得努力了。也就是说，你自己通过想象欺骗了自己。因此，过度沉迷于所谓的乐观，有可能会拉大你与真实目标的距离。

那应该如何做呢？可以借助想象困境来"对冲"过度的乐观。困境想象法的学术名称叫"心理对照"，最早是由著名心理学家加布里埃尔提出的。这种方法之所以行之有效，是因为把人的注意力放在了真实的困难上。

在实现目标的路上，我们最怕什么？当然是障碍。然而，我们克服的障碍越多，目标达成的概率就越高。而且，当你用心理对照法去关注障碍时，你对它们会有一个基本的心理预期及应对措施，而不会因为它们的贸然出现手足无措。

很多学员都面临一个问题：我不知怎么迈出第一步。我非常理解他们，因为他们大多性格内向，往往又不太喜欢行动，遇事思虑过多。也就是说，他们不善于通过"行动"获得反馈，而更倾向于从"结果与预期相符"中获得反馈。如此一来，他们最容易犯的错误就是下意识地高估问题的困难度和复杂度。

当身处困境时，他们特别容易回想起过去那些不好的经验，从而更加凸显问题中被其所排斥和不愿意尝试的部分。比如，有的人不敢当众讲话，我让他们站起来大声说话时，他们很拘谨，生怕"出糗"或"尴尬"。

其实，很多时候不是自己没有能力，或是问题本身难，而是问题被自己放大了。因此，我一直和学员讲，一定要学会通过"困境想象"来改变自己，怎么做？要有意识地培养三个思维习惯：

首先，下调问题的难度。面对一个问题，你可能会瞻前顾后，想很多负面的东西，但如果涉及行动，一定要告诉自己：先把它的难度下调一半再说。事实上，很多事情只要你去做了，就会发现，它根本没有你想象的那么复杂，也并不会产生你所担心的后果。你的很多忧虑，都只是自己想象出来的。

其次，让大脑"热个身"。很多人迟迟不敢行动，一个重要原因是"头脑不够热"，而是一直停留在思考中，尤其是看到障碍与问题时，顾虑会变多，想象的难度会加大。因此，在决定行动之前，先让自己的大脑预热一下，如给一点刺激，让自己兴奋起来，再去行动。这些刺激可以是与要好的朋友倾诉，也可以是做一些让自己感兴趣的事情。

最后，要做好最坏的打算。做一件事情之前，要告诉自己：它最坏的情况可能是什么？然后强迫自己去直面它，把它写下来。其实你会发现，当你做好"最坏的打算"时，你就没有什么可害怕的了，因为很多时候，我们的担心、害怕都是一种对未来不确定性的恐惧。你做了最坏的打算，等于降低了这种不确定性。

我们每个人都有感知偏差，或高估或低估自己和目标之间的距离。通过困境想象，可以帮助我们纠正感知偏差。这样，在实现目标的路上，如果出现困难，你只需如实地告诉自己，发生了什么事情，需要采用什么方法，而不会否定自己，打消自己的积极性。

例如，你制订了一个学习计划，在既定的学习时间，却怎么也提不起兴趣，觉得学习好难。这时，无论多么不愿意学，都先坐在书桌前，强迫自己打开书，翻看几页。几分钟后，你会惊讶地发现，自己竟然可以学下去了。为什么会这样呢？

因为我们的思维是有惯性的，当你做一件不喜欢的事情时，思维会不自觉地配合你的行动，并不知不觉沉浸其中。所以，当你不想做、害怕做一件事情时，不妨先强迫自己行动起来，只要迈出第一步，接下来就会慢慢进入状态，抵触情绪也会越来越低，并逐渐消除感知偏差。

第四部分
优化调整：我可以持续精进

第一章　计划迭代

计划的制订比计划本身更为重要。

——戴尔·麦康基

1. 让计划跟得上变化

人一生会做很多计划，大到人生计划，小到做事计划。无论是在生活中还是在工作中，我们都会跟各种各样中长期或者短期的目标计划打交道。计划不是一成不变的。从本质上说，"计划"其实是一种"预测"，是对于还没发生的事的提前预估，并因此制定的执行指导标准或准则。所以说，越是长期、目标结果越大的计划，存在的变数越大，也越难实现。

俗话说："计划赶不上变化。"正因为计划有强烈的不确定性，在执行的过程中，需要根据实际情况不断对计划进行调整、优化，让"计划跟得上变化"。

在调整计划时，涉及以下内容：

（1）主方向调整

当原计划与自己的性格、能力、兴趣相悖时，实现起来难度会大大增加。比如，你没有计算机基础，或者你的数学基础较差，那你想从零开始学习编程，并在短时间内成为一名优秀的程序员，这个计划实现起来会非常难。怎么办？这时，需要调整计划的主方向，即目标不要锁定在"程序员"，可以选择擅长的方向，比如，你擅长厨艺，可以考虑做一位面点师。总的来说，在调整主方向时，一定要扬长避短，即先通过客观分析，把自己擅长的、能做到的方面梳理出来，再调整目标，这样的目标才更有现实意义。

（2）量级的调整

在主方向不变的情况下，可以适当调整在这一方向上的目标数量。简单来说，就是对目标的大小进行调整。如果目标定得太高，实现的可能性很小，很难提振自信心。如果目标定得太低，轻易就能实现，对成长没有多大意义。因此，需要权衡自己的能力水平，将目标与能力进行匹配，并一层层地向上升级，稳扎稳打、持续进步。

（3）预测性调整

世界是不停变化的。同样，实现目标计划中的各种因素，比如能力水平、行为习惯、客观环境等也是不断变化的。因此，在执行目标计划时，要善于做好"提前量"，进行下一步的预测或者预判。否则，在遇到新的问题时，容易手忙脚乱，甚至无从下手。当然，要提升预判的准确性，需要平时不断地积累经验、储备知识。

（4）时间的调整

我们做计划时，不应该将所有的时间都排进去，一定要留有余地。这样方便在执行过程中随时调整。比如，月计划最好只排50%的时间，周计划只排70%的时间，日计划排90%的时间，留下可以调整的空间，这样可以提高计划的达成率。在执行月计划、周计划、日计划的时候，如果发现新的问题，或是觉得原计划需要优化，可以用空出的时间对目标进行重新逐层分解，以给出更好的手段、工具、方法。

（5）阶段目标的调整

通常，一个大目标要被分解成多个小目标。在大目标不变的情况下，不断修正和调整小目标是很常见的事情。人们将其称为"转变思路"或是"调整策略"。比如，年度计划是实现1200万元营业额，每个月的目标是100万元。结果前3个月，平均每个月的营业额只有50万元。在年度计划不变的情况下，接下来需要对每个月的营业额目标做出调整，即要提升额度。

计划不是一成不变的，一次计划也不可能框定所有问题，在面对各种内外部变化，以及各种不确定性时，要保证计划的灵活性、有效性，一定要对其做出适时的调整，不能用旧的思维办现在的事，也不能一条道走到黑，只有赶得上变化，灵活变通，计划才有指导意义。

2. 始终锚定核心目标

很多人都会经常更换人生目标，今天见某个老板赚了钱，便要创业当老板，梦想发笔横财；明天见金融行业很不错，便要研究股票、基金，想成为一位理财师；后天听说做游戏主播很火，又想着成为一个资深游戏玩家。

其实，每个行业都有优秀的人，每个目标都有人在追求，关键是要持之以恒，并有所建树。否则，不断地更换人生目标，变换赛道，调整行动计划，不但消耗时间、精力，对个人的成长也极其不利。

在我的学员中，有一位 S 先生，他很聪明，也很有闯劲，但缺点是三天两头换目标。他学过芭蕾舞，做过老师，开过火锅店，当过部门经理……先后从事的职业不少于 20 种，但都虎头蛇尾。前不久，他又有了一个新的想法：要在殡葬行业试试水。并且问："李老师能否给点意见？"我说："天底下没有差的行业，只有不行的老板。你挑行业、挑目标，不如挑自己的问题。"

他说："只有多多尝试才知道哪个行业好做，万一成功了呢？"

我说："你最大的问题就是脑子转得太快啦。你想想，你从事过那么多行业，都半途而废，为什么？"

他说："李老师啊，现在哪个行业不难？别说我这样的行业新人，就是在行业里摸爬滚打了多年的'老江湖'，也都很难。"

我说："你终于说到点子上了。既然人家在行业里深耕多年都觉得难，你一个新人凭什么要去分一杯羹呢？"

他说："哎，对呀。是这个道理。"

所以，我建议他马上调整自己的主攻方向，去做自己擅长的事，一旦锚定了核心目标，就要不断努力，排除其他干扰与诱惑。

在现实中，当一个人拥有多重目标之后，他很可能什么都完不成，表现出一种非常糟糕的状态。这一现象可以用"手表定律"来解释。心理学家曾经做过这样一个试验：在一个人手上戴两只手表，两只手表的时间存在一定的偏差，让一个人去正确回答现在的时间，这个人就会异常地紧张，甚至回答错误。如果我们手上只戴一只手表，必然会选择相信这只手表所表现出来的时间状态。这说明了什么？说明一旦锚定核心目标，就要专一。

很多人都曾多次改换人生目标，在好不容易找到新的人生目标后，如何保证自己不会再次"移情别恋"，牢牢锁定自己的人生目标呢？有以下几个方法。

（1）持续做与目标相关的事

有时，人会忘记自己的目标，也许你觉得奇怪：目标怎么能忘记呢？其实，不是真正忘记，是"暂停"的时间太长了。比如，你正在完成某个目标，其间遇到了一些状况，于是选择"暂停"。结果"暂停"变成了"长停"，渐渐地，你的信心和热情便没有先前那么足了。原本是"必须要做的事"，如今变成"可做可不做的事"或是"懒得去做的事"，一旦你不想去做一件事，它会慢慢淡出你的记忆。

在一些领域里能够持续深耕并有所建树的人，他们身上有一个共同的特点：长期在一个领域精进，即使慢一点，也不会轻易放弃。因此，我们应要求自己持续不断地做与目标相关的事，不要随便"暂停"，这样就不存在"忘记"一说了。

（2）在执行过程中获得成就感

即使你非常热衷于做某件事，但如果一直无法从中获得成就感，渐渐地，你也会失去热情，甚至会自我怀疑：我为什么做不好？在迷茫之际，你可能会选择放弃。因此，在选择做一件事情时，你一定要学会从中获得成就感，至少知道自己哪里进步了，哪里比别人做得好，哪里还可以优化，这样，你就知道下一步怎么走，将来会取得怎样的结果。有了这样的认识后，再定期给自己复盘，并在复盘中思考与调整，不断提升自己的信心，持续向目标推进。

（3）集中所有的资源为目标服务

我们在做事时为什么容易分心？因为在一件事上投入得不够多，这个想尝试，那个也想做，每件事情都浅尝辄止，结果一事无成。很多人都曾犯过这样的错误，即喜欢什么就赶紧去做，看见别人做什么便去跟风。最后精力、金钱、时间都花了，什么结果也没有达成。为了避免这样的情况出现，在选择一个目标之后，要集中自己的所有资源为目标服务，并且将主要的时间、精力、金钱都投入其中，减少在其他方面的消耗，如此你会释放出更大的能量，并有力地推动目标的实现。

总之，在对目标进行合理的调整后，要将其作为一定时期内的恒定目标，不能随意改动，也不能抱有"试试看""不行就跑"的心态，只有坚定不移、不断深耕、持续精进，才能收获一个好结果。

3. 优化目标的 SMART 原则

成功的人都有一个习惯：优化目标。你可能会说："目标谁没有啊，我也有啊。"那你的目标靠谱吗？上次设定的目标实现了吗？计划要做的事情完成了吗？能力没有问题，为什么设定的目标执行起来困难重重？

优化目标看似简单，其实也是一项系统工程。如何优化现有目标，使其变得更合理呢？不同的人会采用不同的方法。从专业的角度讲，目标优化需遵循 SMART 原则。

什么是 SMART 原则？

SMART，是由 Specific、Measurable、Attainable、Relevant、Time-based 5 个英语单词的首字母组成的，每一个英语字母对应一个在设置目标时应该遵循的原则之一。SMART 原则也被称为制定目标的黄金法则，它是由社会学家彼得·德鲁克提出的，不仅应用于组织的目标管理，在个人人生目标的设立上，它同样适用。

原则一：明确性（Specific）

所谓"明确"，就是目标要清晰，可以用文字清楚地描述出来。成功者和优秀的团队都有明确的目标。比如，某团队将目标定为"增强客户意识"。这种对目标的描述就很不明确，因为增强客户意识有许多具体做法，例如，减少客户投诉，过去客户投诉率是 5%，现在把它降到 3%。提升服务的速度，使用规范礼貌的用语，采用规范的服务流程，也是增强客户意识的一个方面。

原则二：衡量性（Measurable）

衡量性是指目标应该可以被量化的或是质化，应该有一组明确的数据用来衡量目标的达成情况。如果制定的目标无法衡量，便无法判断这个目标能否实现。例如，有人问你"你的这个目标要多久实现"？你会说："大概要几年吧。"这里的"大概"是很难被量化的，建议改为明确的数字，比如，你可以这样回答："还需要 1 个月。"

例如，公司组织老员工参加培训，经理通常会说："为了进一步提升大家的职业技能……"这里"进一步"是一个不易量化的概念，每个人都有自己的理解。为了统一大家的认知，应该这样说："参加为期一周的培训，在课程结束后，评分达到 80 分算及格，高于 90 分的加薪 5%。"这样一来，目标就变得可衡量。

原则三：可实现性（Attainable）

可实现性是指经过一定的努力，目标是可以实现的。比如，某人制定的目标是："3 个月赚 1000 万元。"并且认为，目标能不能实现不重要，重要的是它能激励自己。其实不然，不切实际的目标不但容易造成心理与行为上的抗拒，而且根本无法实现，从这个角度看，这样的目标毫无意义。

再如，有一些公司，管理人员经常会为员工设定一些难度较大的目标，他们认为这样可以激发员工的潜力，最大限度地提升其工作效率。事实上，当完不成任务时，员工会有怨言，会产生抗拒心理："反正完不成，为什么要卖力不讨好？"如此，便会形成一种恶性循环。优秀的管理人员在为部门或员工制定目标时，会保证目标的可实现性，这样，员工经过一定的努力可以达成目标，看到结果，获得应有的奖励，这对员工既是一种激励，也是一种信心与能力的提升。

原则四：相关性（Relevant）

目标的相关性是指要实现某个目标与其他目标之间的关联情况。假如，现在实现了一个目标，但它对其他目标没有产生什么影响，或者说，它与其他目标的关联性较低，那这个目标的实现就没有多少实质意义。

比如，公司要招聘两名文员，技能要求是：熟练使用常用办公软件。有两名面试者应聘成功。在工作中，她们都兢兢业业。A 员工没什么特殊专长，但领导交代的任务都能出色地完成。B 员工工作能力很强，她还利用业余时间学习编程语言、英文等课程，并拿到了相关的资格证书。半年后，B 员工认为，自己的学历、能力、专业技能均比 A 员工强，两人却拿同样的工资，对自己不公平。

其实，站在公司的角度看，她们的工作目标是相同的，B 员工拿到的证书再多，于自己的工作目标来说，不会产生多大影响，也就是相关性较低。

原则五：时限性（Time-based）

时限性是指目标是有具体达成时间的。比如，"我会在 12 日前完成这个项目"，"12 日"就是一个确定的时间限制。没有时间限制的目标无法考核，有了明确的时间限制，做事更有计划，更有动力。很多时候，我们习惯用"大概""可能""差不多"等来描述时限性，这是不可取的。

SMART 原则说起来简单，在初次运用时还是有一定难度的。即便如此，我们在优化现有目标时，还是尽量套用 SMART 原则，只要在反复应用中不断加强理解，就可以打造出一套科学、合理的目标体系。

4. 时时复盘目标

"复盘"一词最早出现在围棋中，在下完一盘棋之后，再重新摆一遍，看看哪里下得好，哪里下得不好，进行分析和推演。很多人在执行计划的时候，很少复盘，只是按部就班，做到哪儿算哪儿，这样不能持续改变工作方法、优化工作流程。

计划和复盘属于同一个系统，相互融合，相互促进。现在假设这样一个场景：你需要从甲点走到乙点，且只能走直线。在多数情况下，即便你睁着眼睛走，也会出现偏差。那么，如何去走呢？答案很简单，在甲和乙之间画一条直线，看着直线走就行了。

　　这里的"直线"代表的是计划，"走"代表执行，画出来的"直线"代表的就是复盘。有了计划，可以保持执行的大方向不会跑偏。有了复盘，执行的时候可以及时纠正偏差。

　　很多时候，我们做了很多工作，却无助于目标得实现，甚至做得越多，离目标越远，很可能是因为没有复盘，没有纠正执行中产生的偏差。因此，在执行计划的过程中，我们要做复盘。

　　早些时候，我没有复盘的习惯，那时，每天都是迷迷糊糊，行动力也是时有时无，基本上处于想到什么就做什么的状态。

　　有一段时间，我为了让计划更有仪式感，会买一些好看的本子，用五颜六色的笔来写计划，刚写完计划的时候有点兴奋，写完之后害怕别人看到，会把它藏起来。几周后，这个本子已经在角落里落灰了。

　　现在，我养成了时时复盘目标的习惯，这对我的工作大有助益。我常用的复盘方法主要有三步：回顾、分析、优化。

　　回顾，就是每周对计划做一次复盘，归纳总结在这一周里你做了哪些计划，计划实施到什么进度，本周是否遇到困惑，是否有收获和进步。

　　分析，就是分析预期目标和实际完成的差距，以及未完成的原因。比如，我计划一周讲 30 小时课，但这周只讲了 20 小时，问题出在哪里？我一定会找出其中的原因。

　　优化，就是不断对之前工作方法进行改进，使其更有效率。

　　在刻意养成复盘的习惯以后，我越来越意识到复盘的重要性。学会复盘，让我们可以时刻看到自己的成长进度，以便及时调整方向以及获得成就感和督促感。学会复盘，让我们可以实现任务可视化，及时分析自己的优缺点。学会复盘，既是记录每个阶段的整体状态，也是为下一个阶段的到来提前做好准备。可以想象一下，当你方向明确，行为一致时，你的人生道路还会走偏吗？

复盘分为日复盘、周复盘、月复盘、年复盘，要根据自己的实际情况来安排。

（1）日复盘

每日复盘的作用包括：实现每日任务具体化，获得成就感与督促感；反思自己的不足与优点，然后改正和发扬；记录每天的生活，获得内在提升与思考。日复盘步骤如下：

①回顾当日目标。可以从学习、生活、工作、人际关系等方面来思考。

②检查结果与反思。对标自己的当日目标检查结果，进行反思总结。

（2）周复盘

每周复盘的作用有二：根据本周的复盘记录调整接下来的方向；给本周所有的事项做总结。周复盘步骤如下：

①回顾本周计划和目标。比如，总结各细分任务的完成情况。

②做本周总结分析。要对一周的工作进行整体分析，总结优劣，该改正的及时改正，该调整的及时调整。

（3）月复盘

有了日复盘与周复盘，为什么还要做月复盘？因为月复盘有助于调整生活状态，明确目标的完成情况。月复盘步骤如下：

①回顾目标。比如，先回顾上个月的目标。

②对照结果。将月度目标与当初设立的目标对照，寻找不足。

③分析原因。通过目标和结果的比对，查找问题的原因。

④调整计划。对原计划进行微调，决定接下来怎么走，要达到怎样的预期。

总之，在执行计划的过程中，我们要有复盘思维，善于从失败的教训中进行总结和反思，找出问题的关键，并加以改进，让自己朝着正确的方向前进，这是我们在成长之路上必须做好的一件事情。

第二章　心态调整

　　心态若改变，态度跟着改变；态度改变，习惯跟着改变；习惯改变，性格跟着改变；性格改变，人生就跟着改变。

——马斯洛

1. 用归零心态校正航向

　　现在，请你想这样一个问题：在自己的工作和生活中，有没有你不想做，却又不得不做的事情？你一定有过这样的经历。

　　如果我们强迫自己去做一件"不得不"做的事时，我们会背负沉重的心理负担。如果总是处于这样一种状态的话，我们生活、工作的质量很难提升，更谈不上幸福。要解决这个问题，必须先调整自己——学会用归零心态校正目标航向。

　　归零心态，是个体在成长和发展过程中表现出来的一种积极心理状态，是超越人力资本和社会资本的一种核心心理要素，是促进个人成长和绩效提升的心态。有了归零心态，就不会为已经取得的成绩和进步沾沾自喜，而是把目光投向新的目标，轻装上阵、精神抖擞再出发，用新的成绩和进步为事业增光添彩。

学会"归零"，能让一时的挫败不影响未来，让过去的成绩不迷惑现在。有些人面对成功或失败，总会产生"惯性思维"。有的人一旦戴上了荣誉光环，骄傲自得情绪便盲目滋长；有的人一旦取得一定成绩，便会爱惜"羽毛"，做事患得患失，失去了"初生牛犊"的闯劲和锐气；还有的人一旦出现失误，便一蹶不振，做起事来瞻前顾后、畏首畏尾。心态不能"归零"，便会背上沉重的包袱。

几年前，我认识了一位做公众号的朋友。他是一家公司的部门经理，工作5年后，决定辞职去做自己的公众号和自媒体。当时，身边的朋友都表示不解，甚至有些担忧他的未来："如果在外面混不下去，再想回来很困难。"

当时我也认为，这样会给他的职业生涯带来一个断层期，而且几年后，他原本熟悉的工作也会发生变化，再适应很难。所以，劝他三思而后行。他说，这些顾虑不知在脑子里想过多少遍了，现在主意已定。

经过两年的努力，他成功了。在谈到当初的决定时，他说："我刚毕业的时候，要什么没什么，经过自己的努力，我获得了自己该获得的。面对未知，我觉得自己没有什么可害怕的，大不了从头再来，再花几年时间好好工作。"

说实话，我很佩服他的勇气与心态。从那次谈话后，我突然觉得，当你做事的心态摆正了，即便一无所有，情况又能坏到哪里呢？所以，我经常在工作之余停下来反思自己："我的初心还在吗？我是不是在做自己之前想做的事情？"

在现实生活中，很多成功人士都常怀归零心态。比如，万科创始人王石去哈佛学习的时候，已经 60 多岁了，然而他毅然决然地放下自己上市公司老总的身份，去当一名学生。

主持人马东说过："人生要有'归零'的精神，空的杯子才能装下水，我已经 40 多岁了，基本上每隔几年就要让自己全面地'归零'，我觉得这么活着才有意义。"

随着时间的不断向前，环境也在发生变化，个人也在不断地调整，要让自己具备"随时清零"的能力，是发展中必不可少的。一味沉浸在过去的辉煌中，势必会影响未来的发展，在得到的时候，及时告诫自己，这不是最好的成绩，也不是最后的成绩，未来可期。

总之，常怀归零心态，在喜悦之后放下自满，在受挫之后放下颓丧，给身心以更大空间接纳新事物、迎接新挑战、积蓄新力量，并重新校正航向，不断奋力向前。

2. 及时进行自我反省

著名思想家曾子说过："吾日三省吾身，为人谋而不忠乎？与朋友交而不信乎？传不习乎？"这句话告诉我们一个道理，那就是学会反省。自我反省既是一种态度，也是一种重要的能力。它是指回想自己的思想行为，检查其中的错误。学会自我反省不但能调整自己的心态，也能提升自己的道德修养。

一个人的层次越高，就越习惯于向内求，去发现自身的不足，去改正缺点；反之，一个人的层次越低，就越热衷于他人的是是非非。结果，专注于自身的人会越来越优秀；热衷于他人是非的人会越来越平庸。

明代大学士徐溥自幼天资聪明，读书刻苦。少年时代的徐溥性格沉稳，举止老成，他在私塾读书时，从来都不苟言笑。一次，塾师发现他常从口袋中掏出一个小本本看，以为是小孩子的玩物，等走近才发现，原来是他自己手抄的一本儒家经典语录，由此对他十分赞赏。

徐溥还效仿古人，不断地检视自己的言行。他在书桌上放了两个分别贮藏黑豆和黄豆的瓶子和一个空瓶。每当心中产生一个善念，或是说出一句善言，做了一件善事，便往空瓶中投一粒黄豆；相反，若是言行有什么过失，便投一粒黑豆。

开始时，黑豆多，黄豆少，他就不断地深刻反省并激励自己；渐渐地黄豆和黑豆数量持平，他就再接再厉，更加严格地要求自己；久而久之，瓶中黄豆越积越多，相较之下，黑豆显得微不足道。直到他后来为官，一直保留着这一习惯。

今天，自我反省对我们的生活、学习、成长依然重要。事实证明，自我反省不但可以帮助我们认识自身的错误，还能提升我们的认知水平。

我是一个较健忘的人，几年前，便养成了一个习惯，即每天做笔记，今天发生了什么事，有什么感想，都会清楚地记录下来。不知不觉，这么多年过去了，我最大的感受是：做笔记让我感知到时间的存在，生活过得更踏实。

以前，大家一起聊天，我总是记错一些时间、地点。现在，我能清楚地说出一些事情的细节：什么时间，什么地点，都有哪些人做了什么事，准确得连大家都不敢相信，有人说我是不是使用了"记忆外挂"。

2020年，我又开始了一项工作，写每日反思。这件很普通的事为我打开一个全新的世界。因为写日志，我的时间观念变得更强，通过写每日反思，我找到了生命的价值与意义。

在自我反思的过程中，我常问自己一些深层次的问题，比如"我总是在回避什么""我如何实现目标""我犯了哪些不可避免的错误""让我感到压力最大的是什么"等。与此同时，我还会对当天发生的一些事情进行复盘。开始在纸上写，后来写在我的教案中，很多学员也从中了解了我的生活状态，并产生了强烈的共鸣。

在我看来，反思是一种有目的、高效的休息，从当下抽离出来，思考正在体验、正在思考或正在做的事情，知道什么是真正重要的。

不断地自我反省，不但可以让我们感知更多的生活细节，丰富自己的内心世界，也可以从小处不断完善自己，并提升自己的思维层次与境界，让自己有更大的上升空间。

那么如何进行自我反思呢？可以从以下三点着手。

（1）描述事情经过

这一步，可以理解为简单的复盘，即回顾事情的前前后后，包括时间、地点、人物、事件，以及当时是怎样的一幅场景。如果要记录下来的话，一二百字就可以讲清楚。比如，某个工作目标没有达成，可以描述事情的前因后果，把握住一些时间节点、主要事件等。

（2）分析问题原因

针对发生的事情多问几个"为什么"，注意要从多角度提问，且问题要有深度。一是找出可能原因，二是从中提炼出关键原因。可以用鱼骨图作为分析可能原因的工具。鱼骨图又称因果分析图，它形似鱼骨，通常将问题或缺陷标在鱼头上，在鱼骨上长出的鱼刺上，按出现机会多少列出引发问题的各种可能原因。鱼骨图有助于说明各个原因之间的时间关系与逻辑关系。

（3）给出调整方案

对事情有了全面的了解与分析后，要给出可行的调整方案。注意，方案要能落地，切勿"假大空"。方案还要能量化，要便于考核与自我监督。除此之外，也可以写一些心得体会，即自己从中学到了什么，悟到了什么。毕竟，自我反省是一个有效的积累经验并做出调整的方法。

没有反省的日子，人总是浑浑噩噩，得过且过。莎士比亚曾说："一个人知道了自己的短处，能够改过自新，就是有福的。"人无完人，一个人在失败后首要做到的事情是反思。在成功之后，更要戒骄戒躁，反思有助于扬长避短，发挥自己的最大潜能。

3.　学会在压力下调整自己

一个人情绪越消极，其梦想之路就越崎岖不平，当习惯运用"我不会""我不能""我不敢"的心理定式时，就会不断地给自己以消极的心理暗示。在这种暗示下，压力会越来越大，甚至会变得狂躁、焦虑。

有个商人让他的骆驼驮了很重的货物，他对同伴炫耀说："伙计，你瞧我的骆驼多能干啊！"同伴说："你的这匹骆驼是很能干，可它已经驮到极限了，你看它的腿在哆嗦呢，我敢保证，如果再加一根稻草，就足以将这个可怜的家伙压垮了。"

商人很不服气，说："你也太小瞧我这匹骆驼了，你看它威猛无比，我不信一根稻草就能将它压倒。"

同伴说："那就见证一下吧。"

说着同伴捡起一根稻草，往骆驼背上轻轻一放，这匹看上去很强壮的骆驼果然轰然倒下。

这是一则大家耳熟能详的寓言故事，对面临巨大压力的现代人来说，它具有很强的启发意义。每个人都会面对压力，也都需要承受压力，压力虽然不可避免，但可以管理。如何梳理情绪，调控压力，是我们应该学习的一堂情商课程——唯有学会减压，才能轻松上路。

一个人若是长久地在压力下生活、工作，将对他的心理与生理健康产生极大的损害。但现实情况是，我们必须长久地面对各种生活与工作压力，如友情危机、工作绩效考核等。于是有些人会选择逃避压力，有些人则选择将就，大多数人不善于调整自己的情绪。

重压之下，如何调整自己，轻装上阵呢？

（1）进行10分钟积极的思考

思考也能调整心态。如果你整天都在想一些不愉快的事情，即使遇到开心的事，也很难高兴起来。快乐也是一天，不快乐也是一天，为什么不让自己过得快乐些呢？事实证明，如果你习惯于思考一些积极的问题，那么你更容易变得快乐。

A 女士曾经因为事业不顺利而倍感压力，整天吃不香、睡不好，她先后看过几次心理医生，但都没有什么疗效。加之公司效益一天不如一天，A 女士不堪重负。后来，一位生意场上的朋友为她支了一着——每天做 10 分钟积极的思考。起初，她觉得这很荒谬："这只是一种心理暗示，真的有用吗？"

当她坚持做了一周后，效果逐渐显现出来了。原先，她每天都在想如何摆脱眼前困境，问题越是得不到解决，她的压力越大，根本没有时间去想开心的事。而现在，她每天起床后做的第一件事，就是尽可能去发现生活中的美好，如无忧无虑的孩子、可爱的小狗等，这样一来，她逐渐让自己放松下来。时间久了，她便发现生活中有许多原本值得快乐，但是却被忽视的事物。当她领悟到这一点后，那些心头的忧虑开始逐渐消退。

就这样，她每天带着轻松的心情去工作，带着快乐的心情去生活。不到一个月的时间，她就从消极情绪中解脱出来，事业也开始蒸蒸日上。

积极的思考可以给人一种积极的暗示，它可以抵消心里的一些忧愁，每天花 10 分钟时间去想象一下生活中的美好，你会发现一个不一样的自己。

（2）听 10 分钟欢快的音乐

实验证明，人在心情不好的时候乘车容易晕车。如果在乘车时，听一些欢快的音乐，能有效避免晕车。其实这是一种心理暗示。比如，在工作比较累的时候，可以暂时放松一下，听一首自己喜欢的音乐，可以有效缓解精神疲劳。

有一家特别的 IT 公司，老板非但对员工没有太严格的要求，反而"纵容"员工在上班期间做出一些出格行为。例如，员工可以将双腿搭在桌子上工作，员工也可以哼着小曲、嚼着口香糖敲键盘。老板说："我会尽可能为员工创造一种宽松的工作氛围，因为他们都在从事富有创意性的工作。"工作间歇，老板还会为大家放一些轻松的音乐。

相对来说，这种工作氛围远比那些死气沉沉的环境更有助于员工释放精神压力。所以，当你感到压力较大的时候，也可以效仿这个方法，欣赏一段欢快的音乐，调整一下精神状态。

（3）做 10 分钟舒展的运动

很多人常用的释放压力的办法是大吼大叫，或不停地抱怨，这种方式不但伤身，还会给人带来消极的情绪。相对而言，做舒展运动是一种好方法。当压力来临时，可以做一些运动，平衡呼吸，调整心态。

除此之外，平时要保持一种好心态，尤其在小事上，不要计较得失，多看事情乐观积极的一面。另外，要有好的神情，不要整天都阴着脸，把坏心情写在脸上。当然，心中有了不良情感要及时宣泄，不要整天憋在心里，可以多与朋友交流。尤其是在重压之下，要学会感受生活中积极、阳光、温暖的元素，让自己尽早从压力中解脱出来。

人生旅途中，我们都希望自己像蚕蛹破茧那样，变成美丽的蝴蝶，但生活既有欢乐也有痛苦，我们要心境平和，用积极正确的心态，用良好的生活方式，用奋斗的目标，使痛苦慢慢消失。

4. 实现正循环，小心逆火效应

我们经常会思考这样一个问题：当你告知一个人，他所深信不疑的某个财富梦想是一个骗局时，他会相信你吗？结果往往是，即便你摆出一大堆事实，对方还是相信那个"梦"是真的。

生活中，类似的现象有很多，这些人为什么对一个不可能实现的梦想如此着迷，甚至别人越反对，他们越坚定地相信呢？因为逆火效应。逆火效应是指当一个人碰到与自身信念相冲突的观点或证据时，除非它们能彻底摧毁原有信念，不然只会强化原有的信念。

这是因为，我们在做一个判断时，会遵循两种机制：一是先掌握证据，再做出结论；二是先给出结论，再寻找证据。我们都喜欢去印证自己的观点。当某种观点进入我们的头脑，并被我们接受、认可时，我们就会保护它。同样的道理，当我们不接受或是排斥一些观点时，逆火效应就会发挥作用。所以，当有人想改变你的想法，纠正你的错误时，你很可能会变得更加固执。

逆火效应与一个人的心智有关，神经生物学也证明了这一点。生物学家做过这样一个实验：

生物学家给一些学生看几组数据，学生们相信其中的一些，而不认可另一些。在对这些学生的头部进行扫描时，生物学家发现，当学生们相信看到的数据时，其大脑中与学习相关的区域，血液流动更快。如果学生们不相信一组数据，其脑部的学习区没有反应，而与努力思考和压抑思考相关的区域，会出现积极的活动。

于是，生物学家得出了一个结论：如果为他人提供了与其错误认识相反的事实，就很难指望他们改变自己的想法。因为在你提供事实时，他们的大脑会极力阻止他们承认事实。所以说，我们永远不要指望通过一次两次交谈，就能彻底改变他人的错误认知。

如果你的"更正"与对方的潜意识相冲突，只会强化他的错误认知。也就是说，这种"更正"非但不会改变他的想法，更容易产生逆火效应。

我们在成长的过程中，一定要提升自己的心智，避免陷入逆火效应。为此，我们应注意以下几方面：

（1）多找原因，少找借口

喜欢为自己开脱的人，有一个思维习惯，就是爱解释。举一个简单的例子：这个月的目标没有达成，你又不愿意面对这个事实，于是给出一堆理由——"客户太难缠了""这个月的运气有点差""形势变化对我的工作造成很大的困扰"等。

如果一个人总是习惯从外界找原因，说明他本能地认为"我没有错，都是别人或外界的问题"。这是一种习惯性防卫。它就像我们头顶的天花板，会限制我们上升的空间。我们需要做的就是捅破它。如果真的做错了，就要勇于承认："是我的错。"这比绞尽脑汁寻找借口要好很多。认识自己的错误，或是承认自己的无知，是提升个人认知的第一步。

（2）将事实与观点区分开来

事实是真实发生的事情，且具有唯一性，有真假之分。每个人都要尊重事实。如果自己以为的事实并不是真相，那就要改变自己的想法。立场、观点是主观的，它没有真假之分。观点表达了个人的价值观和兴趣偏好。每个人都可以有自己的观点，当然，也不能强求别人接受自己的观点，别人也不能强求自己改变观点。

丈夫经常半夜回家，妻子对此抱怨连连，认为丈夫心里没有这个家，甚至怀疑他在外面鬼混。丈夫说："最近工作太忙，不加班不行啊。你也理解一下我啊。"妻子认为他说谎："谁家男人不忙，没见像你这么忙的，我看你是鬼混去了。"于是，大战一触即发。

在这个案例中，丈夫"半夜回家""工作太忙"是事实，妻子的"你是鬼混去了"是观点。如果她不承认事实，或是把事实理解为观点，便容易造成误解。聪明的妻子可能会说："我知道你这段时间连续加班，特别累（事实），但你要知道，我一个人在家的时候，也经常担心你（观点）。"如此一来，双方更易建立起坦诚的沟通，减少矛盾与误解。

（3）转换视角，保持同理心

记住，不要凭主观臆断来评判事物。比如，你不喜欢一个人的某种行为，不能就此评判："他这个人很差劲。"特别是在人际交往中，要避免逆向效应，一定要具备同理心，适当站在他人的角度思考问题，多去想一想，对方在做出那些你不认可的行为时，是怎样的一种心理，他的脑子里在想什么，以及他是否认可你所谓的"正确的做法"。如果我们不能做这样的思考，在任何事情上，都要表现自己的个人好恶，那就是缺乏同理心，就是戴着有色眼镜观察世界。这样，你永远突破不了自己的认知边界。

（4）构建多维思维模型

要学会变换角度看问题，即多运用批判性思维、发散思维、证伪思维、贝叶斯思维等思维模型去建构自己的思维模型。大家都说好的时候，要能想到它的不好之处；大家都正着看的时候，要学会倒过来想，这会让你最大限度地保持理性、客观。在此基础上，你才能迭代或升级自己的思维模式。

在追求人生梦想的过程中，我们要不断提升自己的心智，实现正向循环，不断改变自己固有的一些观念，拓宽认知边界，并学会接受新的事物，避免因为它们与自己固有的思维、观念冲突而产生逆火效应。

第三章　方法优化

如果说金钱是商品的价值尺度，那么时间就是效率的价值尺度。因此，对于一个办事缺乏效率者，必将为此付出高昂代价。

——培根

1. 时间管理：巧用番茄工作法

现代社会，每个人需要做很多工作，由于事项多且难度较大，很多时候会给当事人造成很大的压力和焦虑，无论对于工作的高质量准时完成还是对于个人身体健康都会造成消极影响。

时间管理的方法有很多。如果依据时间和重要性，可以使用四象限管理法，如果想提升单位时间内的工作效率，可以使用番茄工作法。

听到番茄工作法（Pomodoro Technique），你也许觉得奇怪：怎么取了这么个名字？它是由意大利人弗朗西斯科·西里洛在 1992 年创立的，在意大利语中，Pomodoro 是"番茄"的意思。当时，他还是一名大学生，经常因为不能集中注意力而倍感痛苦。

有一天，他对自己说："我能否集中注意力学习 10 分钟？"于是他找来一个形状像番茄的定时器，并设定了 10 分钟的倒计时。结果，他发现在这段时间里他可以聚精会神地学习。接下来，他对这个方法进行了优化，最终创立了一整套高效实用的工作方法，也就是我们今天所说的"番茄工作法"。

这么多年来，番茄工作法一直备受人们的推崇，也是最受欢迎的工作方法之一。番茄工作法主要分三个部分，即工作、记录和计划。

（1）工作

这种方法比较简单，需要把握三点：

①从要做的事情中，选择一件最重要的，作为当前的主要工作。

②设定一个25分钟的倒计时间隔，作为工作时间。

③在25分钟之后，休息5分钟，这5分钟时间里，必须完全抛开工作，可以让自己放松一下，如听听音乐，或者运动一下。

这样循环往复，是不是很简单？

以25分钟作为一个基本的时间单元，这是番茄工作法的关键，即可以将25分钟作为一个"番茄钟"。当然，不少人担心地说：每间隔25分钟就休息一会儿，这样会不会太影响效率了？

其实不然，25分钟这个时间不是随便定的，而是经过不断的实践、反馈后确定下来的。以25分钟作为一个番茄钟，有两个明显的好处：

①更容易开始，不会陷入拖延。很多人之所以容易拖延，是因为看到工作量大，一时半会儿完不成，于是产生了跑马拉松一样的心理：无论做得快还是慢，都不能短时间完成，那就慢慢做吧。

把番茄钟设定为25分钟，可以让我们将马拉松式的工作拆解成一个个小的赛段，在一定时间里完成一个赛段，这样就用冲刺的心态工作，避免拖延。

②可以更加灵活地安排工作。平时，我们工作的时候，经常会被其他事情打断，影响工作效率。比如，你决定用 2 小时工作，这期间，很可能会受到一些外界的干扰。怎么办？把工作时间缩短至 25 分钟，在这个时间段，集中精力完成一项工作，效率也会随之提升。

当然，一个番茄钟是不可以被打破的。如果你在一个番茄钟内做了其他的事情，比如你写了 10 分钟的文案，就会玩手机，那么这个番茄钟就是无效的。之所以这样，就是为了让我们养成习惯，以番茄钟作为基本的时间单位。

当然，如果你发现自己的注意力不能持续 25 分钟，或者你的工作常常被打扰，那么你可以根据自己的情况，适当调整一个番茄钟的时间，比如可以设定为 15 分钟。但是请记住，一旦设定好番茄钟的时间，在这个时间内，就要认真完成你当下的任务，让自己的番茄钟不被打扰。

（2）记录

在使用该方法时，需要记录三个方面的内容：一是任务完成情况；二是临时出现的任务；三是工作时的干扰情况。

在记录任务完成情况时，着重统计在完成某一项任务时，一共花费了多少个番茄钟。临时出现的任务有两种：一种是他人交代的，另一种是自己临时想到的。工作时的打断情况也分为两种，即外部打断和内部打断。

也许你会产生这样的疑问："哇，为什么要记录这么多东西，这还哪有时间工作呀？"不要急，你可以在一张纸上用一些简单的符号来记录，这不会占用你很多时间。

（3）计划

你也许会奇怪："计划不应当放在工作的前面吗？"其实，很多人制订的计划都是临时想出来的，他们并没有真正了解自己的工作状态与环境。也就是说，这些计划是一厢情愿的计划，在现实中很难实现。通过番茄工作法，特别是积累下来的记录，可以制订切实可行的计划。

那么如何制订计划呢？主要有三步：

第一步，收集列出的临时任务，首先按照轻重缓急排序，然后纳入待办事项清单。

第二步，查看过去的待办事项清单，看自己设定的各项任务都需要多少番茄钟来完成，如果一项任务需要的番茄钟超过 7 个，则说明这个任务有些复杂，怎么办？对它进行拆解。

在实际工作中，多运用这种方法，并根据自己的实际情况进行优化，这样，你的工作效率会不断提升，并且能避免拖延问题。对大多数人来说，它是一种在短时间内集中注意力的事半功倍的工作方法。

2. 精力管理：打造完整的精力体系

"向死而生"，是苹果公司前 CEO 乔布斯的一种生活态度，乔布斯将自己的每一天都视作生命的最后一天，只做最重要的事。也许是因为对死亡的无知与恐惧，或是因为具体方法的缺失，当我们抱持同样的态度时，却发现自己会疲惫不堪。

为什么？因为同样的态度、努力，但是，精力分配方式不同。大多数人不善于精力管理。也许你会奇怪："什么，精力也需要管理？"不错，精力是做成事的保证。在追求梦想的路上，为什么一些优秀的人总是精神抖擞，充满激情，似乎有使不完的劲？主要是因为他们善于分配、管理自己的精力。这也是他们高效做事，迅速推进计划的基础。

一个人的精力主要由四个维度构成，分别是体能、情感、思维、意志。全身心投入地工作，需要身体活跃、情感联动、思维集中，且有一定的意志力。

（1）体能精力

体能精力是身体层面的精力。对于从事体力劳动的人来说，体能的重要性不言而喻。即便是从事脑力劳动，也需要充沛的体能做保障。体能是高效工作的基础，它不仅是敏锐度和生命力的核心，还会连带影响我们管理情绪、保持专注、创新思考甚至投入工作的能力。毫不夸张地说，管理好自己的体能，就是管理好自己的发动机。

在进行体能管理时，要把握好以下四个方面：

①学会呼吸。你可能会说："呼吸谁不会啊，这还用教？"的确，我们每分每秒都在呼吸，但是很多人不会主动借助呼吸的力量，来消除自己的负面情绪，提振精神。比如，当你愤怒和焦虑时，可能会感到身心俱疲。这时，只要掌握一些简单的呼吸小技巧，就会摆脱这种状态。

比如，你先深深地呼出一口气，想象着将肺中所有的气体都呼出来，再慢慢地分成三次来吸气，接下来分成六次来呼气。如此反复，你会发现，自己在情绪不佳或是疲惫的时候，也能保持专注力。

②调整饮食方式。人体就是一台永不停歇的发动机，需不断地消耗氧气，当然，还需要"燃料"，也就是我们吃的食物。即便是吃一次营养最丰富的食物，也很难支撑我们高效工作七八小时。所以，要保证精力充沛，一定要注意饮食，多食用升糖指数低的食物，比如全麦食物或者水

果，可以少食多餐，如在正常三餐之间，适当补充一点零食，这样有助于我们迅速恢复活力。

③调整睡眠。睡眠质量，会直接影响力量、心血管能力、情绪、思维能力、记忆力、反应时间等各项机能。每天要保证充足的睡眠，这样才能让自己的身体保持较好的状态。如果连续工作的话，在工作一段时间后，要休息一会儿，通常，连续工作不宜超过四小时。

④进行间歇性训练。这是一种全新的锻炼模式，过去人们习惯长时间地运动，进行间歇性训练有助于身体完成高强度的工作。力量训练是典型的间歇性训练，通常，都是进行一组举重，然后休息一会儿，再进行下一组。其实很多常见的有氧运动，也可以被改造成间歇性训练。例如，将慢跑升级为变速跑，散步变成快走和慢走的交替。不少研究表明，间歇性训练要比匀速的有氧运动更有效果，也更容易坚持下来。

（2）情感精力

情感精力是一个人在情感层面的精力，决定了我们管理正面情感的能力。为了提升工作状态，在工作中必须保持积极愉悦的情绪，同时，要尽力避免一些负面情绪，比如恐惧、沮丧、愤怒和悲伤。

每个人都有自己的情感，但是情感精力却不尽相同。通常，它像肌肉一样，经过长时间的锻炼，会变得越来越强。定期锻炼，周期恢复，是提高情感掌控能力的关键。

那么，如何保持自己的情感精力呢？

①多结交朋友。研究表明，保持优异表现的一大方法，就是在工作环境中至少交到一个好朋友。如果在工作中被孤立，不被肯定，多和朋友聊一聊，这有助于找回工作状态。

②深度交流。你可能每天都在和身边的人交流，但很多都不是深度交流。要进行深度交流，需定期抽出一些时间，和他们深度交谈，或是一起参加一些活动，这样，不仅会加深彼此的感情，也会让你的心情变得更好。

③享受生活。在快节奏的今天，每个人都忙得像个陀螺，没有时间与自我相处。想拥有正面的情绪，就要学会与自我相处，做一些真正让你感到愉悦的事情。例如，参加喜爱的活动，适当运动，看书、唱歌、旅行。

（3）思维精力

思维精力是一个人在脑力层面的精力，影响着我们的专注力和创造力，如果缺乏思维精力，我们在工作中就容易注意力涣散、思维固化、眼光狭隘，工作效果自然会大打折扣。

如提高我们的思维精力呢？关键要把握三点：

①进行间歇性休息。有人认为，长时间连续工作可以完成更多任务。其实不然，如果是重复性劳动，多少有一些道理，如果是创造性的劳动，那就不一定了。因为思考也会耗费巨大的精力。如果思维精力不充沛，很难有好的创意与想法。恢复思维精力的关键，是让大脑进行间歇性休息。

②适度锻炼。适度锻炼可以提高体能精力，增强思维能力。国外的一些神经科学家曾做过一项研究，他们让一些年轻人每周进行 2~3 次慢跑，4 个月后测试他们的记忆力。结果显示，他们的答题速度和正确率都要比 4 个月前高出 25%。而一旦这些年轻人中止锻炼，效果也就慢慢消失了。

③做好时间管理。每天将更重要的时间从外部转移到内部来，用来记录工作、生活中出现的问题，留下反思和进步的空间，就会为我们带来更多的镇定和专注，使我们的思维更加自由。

（4）意志精力

意志精力是一个人在精神层面的精力，是做事的动力。一个人想要丰富自己的意志精力，必须在两件事情中间找到平衡，第一件事情叫作为他人奉献，第二件事情叫作照顾自己。在现实中，提升意志精力的一种有效方式是，从人类的精神宝库中获得自我提升。例如，阅读一本好书，听一场精彩的演讲，让你的内心更有价值观与使命感，你就会有更丰富的意志精力。除此之外，更多地去关注他人，帮助他人，也是提升意志精力的方法。

医学上发现，成年人的精力水平在 30 岁后是逐年下降的。人的大脑里有一个组织，叫海马体，它是负责我们短期记忆的。30 岁后，每隔一年，海马体要萎缩 0.5%，这也是为什么很多上了年纪的人记忆力会衰退。但是，事业、家庭对你的要求却是不断提高的。这就要求我们必须学会精力管理，以此为自己源源不断地输入能量与热情。

3. 工具管理：高效运用思维导图

我们经常听到"思维导图"，它是一种表达发散性思维的有效的图形思维工具，被广泛地应用于学习、工作、生活的各个方面。

思维导图又叫心智图，20 世纪 70 年代，由英国的托尼·博赞提出。思维导图主要由圆圈和线条构成，用来梳理思路，或者搭建自己的知识体系。思维导图可以将语言智能、数字智能和创造智能结合起来，也可以将形象思维与抽象思维结合起来，使我们的思路更清晰，知识更成体系化。

为了更好地理解思维导图，我们着重把握两个方面。

首先，思维导图是一种工具。它是一种利用有效图形来辅助思维表达的实用性工具。通过一个中心关键词或想法，引发与中心主题相关的思想、言论、概念等，再通过图文并茂的形式将隶属与关联的层级表现出来，将主题关键词与图像、颜色等建立记忆链接，最终呈现出放射性立体结构。

其次，思维导图是一种思维模式。它使得大脑思维形象化。通常，我们习惯放射性思维，每一种进入大脑的信息，如感觉、记忆、想法等都可以成为一个思考中心，并由这些中心向外发散出许多关节点，每一个关节点代表与中心主题的一个联结。

思维导图能充分运用左右脑的机能，利用记忆、阅读、思维的规律，启发我们抛弃传统的线性思维模式，改用发散性的联想思维思考问题。尤其在处理复杂信息时，它是一个人思维相互关系的外在"写照"，它能使你的大脑更清楚地"明确自我"，因此更能全面地提高思维能力，提高解决问题的效率。

在工作中，当我思考一个非常复杂的事物时，经常会冒出很多想法，但是，记忆能力又十分有限，不可能一下把所有的灵感都记录下来。如果不及时记录的话，灵感就可能会溜走，再找回来很难。怎么办？我最喜欢用的一种方法就是画思维导图。这是一种非常灵活的方式，每次做完一张思维导图，我会惊奇地发现：原来自己竟有这么多奇思妙想。

比如，每次看完书，我都会习惯性地画思维导图，有时看完一部电影，我也会用思维导图来梳理电影中的人物、事件关系，以及人物的性格特点等。

经过梳理，原先杂乱的信息会呈现出一定的逻辑关系，这不但方便理解、记忆，也有助于做进一步分析。有时，我在讲课时，也会要求学员画思维导图，把自己这节课学到的东西画出来。有的人第一次画，厘不清头绪，有的人做得不错。我发现，习惯运用思维导图的人，他们的学习、理解、分析能力似乎更强一些，他们更善于提出问题，做事能把握住关键点。

我在这里给出一个画思维导图的技巧，就像我们梦想画布一样，先找到一个中心论点（即我们的梦想），然后对这个中心点进行分解（类似阶段性目标），对分解出来的每一个小项再细化（这一步类似制订行动计划）。如此一来，整个逻辑框架就清晰了，而且随着你不断分解，线条会不断延展，这时，思维也会跟着扩展。

当你真正掌握了这种思维方法会发现，以这种方式思考会给自己带来一些乐趣，并且会将你的所学、所感以框架图的形式输出。在这个过程中，会给你许多原先未曾发现的灵感。

如今，随着思维导图被越来越多的人使用，它的作用不再是用来辅助思考，而是更多地被用于记录、激发创造性思维等方面。具体来说，熟悉掌握这种方法，可以在四个方面提升自己。

（1）培养聚合思维

这是一个信息爆炸的时代，也是一个信息碎片化的时代。每天，我们会接收无数信息，如何从中筛选出有价值的信息，并将其转变为有用的知识呢？大脑要对杂乱无章的信息进行过滤，如何高效地过滤？可以运用思维导图。使用思维导图能帮助我们快速整理和加工这些信息，进行分类并找出规律，最终形成让大脑更容易记住的相对有序的信息。绘制思维导图的过程，就是一个梳理和整合的过程，也是一个培养我们聚合思维的过程。比如，你听完一门课程后，可以用思维导图将无序的、没有规律的信息整合成有序的、有规律的知识，这样便于记忆。

（2）培养发散思维

我们常说"脑洞大开"，其实说的是发散思维。比如，要解决一个问题有很多种方法，你可以将其一一列出来，这些方法之间可以有联系，也可以不相关。遇到问题，当你实在想不出来解决方法时，不妨以问题为中心画一张思维导图，以此展开头脑风暴，不断延展自己的思维，将能想到的点子都画上去，再进行归类、总结，说不定会有意想不到的收获。再如，用思维导图为演讲梳理分享提纲、为问题寻找解决方案等，都可以培养我们的发散思维。

（3）培养结构化思维

什么是结构化思维？简单来说，就是能够透过事物的表象抓住本质，而且可以将这种本质拆解成体系化的知识结构的能力，就是结构化思维。听起来有些抽象，为了便于理解，现在举一个例子。你开了50家服装连锁店。一个朋友是开餐饮连锁店的，另一个朋友是开连锁药店的，朋友的朋友是开连锁理发店的。你会发现，虽然大家分处不同的行业，但是本质上都是连锁形式，有许多相通的地方。

思维导图有助于你抓住事物本质，快速地从一堆零散点状的信息中找到信息间的联系，从而形成结构，总结成模型。因此，不断练习、使用思维导图，大脑萃取信息、提炼结构、总结模型的能力会越来越强。

（4）建立知识体系

运用思维导图有助于在各种知识之间建立尽可能多的联系，特别是在学习一些新的概念、知识后，可以深入理解和联想，将它们与现有的知识框架产生联系，再通过总结、归纳形成新的体系。这样，一个人的知识体系会越来越完善，越来越庞大。可以说，思维导图就是一个归纳、总结、联系的过程，从而帮助自己建立知识体系。

在运用思维导图时要注意一点，不必太过拘泥它的一些结构与风格，重要的是，能从问题的本质、本源进行思考，以解决工作和学习中遇到的难题，提高大脑的思维效率。

4. 流程管理：不断优化SOP

无论是在工作还是生活中，做任何一件事情，都不可避免地要涉及流程。同样的事，流程不同，效率往往不同。当某个流程不合理，或是低效时，一定要及时进行优化。

比如，召开一次会议的标准流程往往是这样的：明确会议议题、议程，确定参会人员，下发通知等。这些操作步骤叫标准流程，即所谓的SOP，就是将某一事件的标准操作步骤和要求以统一的格式描述出来，用来指导和规范日常的工作。SOP在工业生产中较常见。其实，在日常生活与工作中，SOP也能发挥重要作用。

一套高效、完整的SOP，不但简单、易懂，而且有一定的逻辑性，从而极大地提升工作效率，哪怕是一个新手，只要严格执行这套SOP，大概率也可以达到平均的转化率标准。因为它明确了你在什么时间做什么事，怎么做，为什么这么做等。

当然，一套高效的 SOP 不是一下子就建立的，它是对最初的流程不断优化的结果。比如，你为了达成一个季度目标，制订了一套工作计划与行动方案，这就是你实现该目标的 SOP，它规定自己每天要做什么，要完成哪些任务，但是一个月下来，你发现进度缓慢，怎么办？在提升执行力的同时，根据实际情况对原有的计划、方案进行优化，并形成一套新的 SOP。第二个月，执行新的 SOP，效率有了明显的提升，但是还存在一些问题，于是，你再次对它进行优化。这样，经过不断反馈、优化，最终会形成一套适合你的高效的 SOP。

也就是说，在建立一套 SOP 后，需要根据实际情况不断进行优化，才能使其更符合实际需要，更加科学、高效、有序。通常，优化 SOP 流程可以从 SOP 再造、SOP 优化、SOP 活动改善三个方面入手。

（1）SOP 再造

SOP 再造是一项极富创造性的工作，任何人或组织在进行一项 SOP 再造工作时，都没有一套明确的、完整的、一成不变的步骤可以照搬。如果说流程管理是一门科学，那么 SOP 再造既是科学，又是艺术。在 SOP 再造过程中，可以运用以下几种方法。

①自问自答。自问自答就是自己提出问题，然后自己找出这些问题解决方案的过程。自问自答有助于从本质出发，进而激发自身的创造性，设计出适应新环境的、回归本质的新 SOP。

②利用和抛弃假设。很多工作模式的设计都蕴含着假设，比如，"不能在工作期间玩游戏"，这种做法中蕴含着"上班期间可能偷懒，不专注

于工作"的假设。利用和抛弃这些假设，可以了解重新设计的流程有哪些方面是被这些假设所影响的。

③运用新技术。新技术的运用对于解决问题的效率和效果大有帮助，比如，信息技术。运用一些新技术有助于打破既有思维。

（2）SOP 优化

流程要做到简单、规范和明确。通常，每个流程都有一个从简单到复杂，再到简单的过程。在刚建立 SOP 时，由于对业务流程不太熟悉，有些流程可能制定得比较简单。在执行过程中，会出现这样或那样的问题。

为解决这些问题，我们要不断优化流程，增加一些必要的环节。但随着流程不断成熟，特别是随着内外部环境和形势发生变化，又需要对所有过于复杂的流程进行简化，包括形式上的、程序上的、沟通渠道上的。通常，对一些正常业务，要变"复杂"为"简单"；对于一些例外事件，要变"灰色"为"规范"。

SOP 优化可以使职责更加明确，程序更加规范，流程更加清晰，沟通更加顺畅。优化的过程是一个不断提高、不断升华的过程。

（3）SOP 活动改善

每个流程都是由一系列活动环节组成的，但并不是每一个环节都需要改进。因此，需要找出这些流程中导致绩效低下的关键点，然后分析造成问题的原因，开始流程的再设计。

在改善 SOP 活动时，可以从改变多点接触、避免重复环节、缩短等待时间、减少不必要的步骤等方面入手，不断清除冗余流程，实现高效运作，高水平运转，保证流程的顺畅。

另外，对流程中的每一个环节进行评估，对每一项活动进行评价，确保每个业务环节实现最大化增值，尽可能减少无效的或不增值的活动。

在进行流程管理时，还需要绘制 SOP 图，这样，不但可以弄清楚各流程间的关系，而且可以确定每个流程的开始节点和结束节点。如此一来，在什么时间做什么工作，则一目了然。

第五部分
结果反思：我不断检视和更新

第一章　梦想检视

人类也需要梦想者，这种人醉心于一种事业的大公无私的发展，因而不能注意自身的物质利益。

——居里夫人

1. 梦想要符合人类的原则

人一定要有梦想，梦想既是大脑中抽象思维的衍生物，又是我们实现生命价值的最佳途径。没有梦想的日子，我们的生命会失去活力和勇气。正因为有了梦想，偌大的地球，上万种生物，只有人类有能力发展出文明社会。所以，梦想无论是对于个体还是人类本身都是"刚需"。

当然，梦想本质上也是价值观的产物。只有正确的价值观才能产出正确的梦想。反之，错误的价值观衍生出的不是梦想，可能是妄念。看过《寻梦环游记》的朋友都知道，剧中那个欺世盗名的德拉克鲁兹，便是一个深受妄念毒害的人。他有一个伟大的"梦想"，即想获得至高无上的荣耀，接受万千民众的膜拜，而且他希望自己名垂千古。这种妄念使他心灵扭曲，为了达到目的，他竟然毒死了自己的搭档。最终，沦为人间的恶魔。在这个世界上，有梦想的人有很多，也不乏一些被妄念所支配的人。

　　我经常说，梦想一定要有原则。很多学员听后，觉得我讲的内容太大，离自己太远。我和他们说，大道至简，每个人的活动须坚持两个基本原则，即价值原则与真理原则。

　　真理原则就是人类在认识世界和改造世界过程中，必须追求、坚持和服从真理。价值原则就是人类按照自己的尺度和需要去认识和改造世界，使社会适应人类的生存和发展。价值原则与真理原则构成对立统一的关系。价值与现实的关系有两种，一是价值附着于对象上，使对象成为财富。另一种是价值与主体的活动相关，使这种活动成为评价活动。真理是标志主观同客观相符合的哲学范畴，是人们对客观事物及其规律的正确反映。真理的最基本属性是客观性，同时是具体的有条件的。

　　很多人不理解："我只关注梦想的实现，这好像与梦想没多大关系吧？"

　　如果你为了达到目的，不择手段，那你的这种"追求"就是建立在别人的痛苦之上。即便一时得逞，从长远来看，注定一败涂地。

　　所以，我在课堂上多次强调，任何人都有权利追求自己想要的生活，但当一个妄念出现在我们的脑海中时，一定要小心。你可以追求自己的梦想，但梦想一定要符合人类的原则，能给自己、他人、社会带来价值。在实现梦想的过程中，一定要坚持做正确的事情，不要让"梦想"成为"梦魇"。

　　这个世界上有很多害人至深的妄念会在某一时刻出现在我们的脑海。比如：

　　"只要能达成自己的目的，我可以穷尽一切手段。"

"人都是为自己而活，没时间顾及他人的感受。"

所谓"得道多助，失道寡助"，错误的价值观显然违背正常的社会规范和道义准则，注定无法得到他人的祝福和认可。错误的价值观会让你的生存空间越来越小，即便你眼下能取得一些成绩，也只是昙花一现。因此，千万不要被自己的妄念所误导。在追梦的路上，始终要坚持正确的价值观。

任何一个人的梦想能否实现，以及在何种程度和范围内实现，除了个体的努力，还要看其梦想与社会现实的契合程度。任何与社会现实相脱离、与社会发展规律相违背的个人梦想，都将是无源之水、无本之木。所以，我们的梦想必须立足社会现实，要符合人类的共同的价值理念与追求。

2. 梦想要符合实际情况

我们沉浸在梦想中时是幸福的，而当我们睁开双眼，又回到了现实中，梦想与现实总是有一定的距离，如何理性看待这种距离，是我们必须思考的问题。

人生路上，要有梦想，也要面对现实，如果一定要问"哪一个更重要"，可以说"都很重要"，理性告诉我们，人不能一味活在空想中，要从现实出发定下合理的梦想，在现实中一步一步去实践，这样才能更靠近，直至实现梦想。脱离现实的理想就如无源之水。

现实中，每个人都有自己的或大或小的梦想。比如，有人就梦想成为一名成功的企业家，有人梦想成为某个行业知名的专家，但是，要实现这些梦想，是需要现实作为基础的。

很多年前，一家媒体曾报道过这样一则故事：

有一位中年人，家境比较差，他数年如一日地坚持写作，希望在未来的某一天能够实现自己的作家梦。他深信：自己有文学天赋，只要埋头创作，就一定能看到结果。他的父母已年迈，无力给他更多支持。几年过去了，他写的小说始终没有什么水花，一家人住着低矮的破屋，靠父亲的低保维持生活。

有人曾问他，有没有打算先出去找一份工作。中年人摇了摇头说，自己没想过去打工。然后，他拿出自己写的厚厚的稿子说："我写了这么多，以后一定要成为知名作家，为什么要出去打工呢？"

拥有梦想是一件好事，它可以催人奋进，但是在追求梦想的同时，也要认清现实，如果一个人连基本的生活都不能保障，何谈梦想？

我们说为了梦想要打拼，但有一个前提，你要有资本，要先确保自己有拼的基础。梦想要有，生活也必须过下去。梦想是需要长期坚持的，那不如先分解一下自己的梦想，在立足于现实之后，再全力去逐梦！如果本末倒置，认不清形势，光凭一腔热情做事，很难成就自己的梦想。

梦想可以有，但是不能痴心妄想，有的人现在住着小房子，却梦想通过不断买彩票中大奖，几年内实现住豪宅的梦想，还说："梦想还是要有的，万一实现了呢？"这种想法不但行不通，而且很危险，把希望寄托于不劳而获的小概率事件，而不是付出努力，是无法真正实现人生价值的。

现实与梦想看似矛盾，其实是相互依存的。如果将现实比作脚下踏踏实实的土地，那梦想就是你想创造的下一个现实。当我们脚踏实地的时候，也会遥望苍穹，充满遐思，想象如鸟儿一般翱翔蓝天。梦想，终究要在现实中实现，而实现梦想的基础，就是正确地认识自己，不要蜷缩在自己的想象中，因为那并不是真实世界中的自己。

我们之所以能一路向前，是因为我们从未放弃梦想。如果我们失去梦想，生活将是一片荒漠。梦想是现实的延续，现实成了梦想的基础。

3. 梦想是自己喜欢并能发挥自身优势的

即使看不到希望，很多人也默默坚守着自己的梦想。为什么如此执着？因为喜欢。为了梦想，可以负重前行，但是梦想本身不应太过沉重，而应该是我们喜欢的，而且能发挥我们的优势，还应有一定人生价值。这三个方面被称为梦想罗盘的"职业幸福金三角"。

现在，就用"职业幸福金三角"来检视一下自己的梦想吧：它有价值吗？它是你喜欢的吗？它能发挥你的优势吗？如图 5-1 所示。

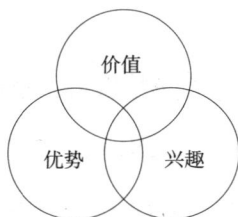

图 5-1　职业幸福金三角

（1）梦想要有价值

每个人的梦想不同，有人追求活得安稳、舒服，有人追求更大的人生价值。不同的梦想，往往会造就不同的人生。

小张大学毕业后，进入一家物流公司，月薪4000元，工作稳定。闲暇时，他经常与朋友小聚。曾经，他认为这是自己要想的生活，即工作稳定、舒适，没有压力，无忧无虑。但是，一年以后，他开始厌倦这种生活，这时，他才依稀想起当初的人生梦想——在自己擅长的电子商务领域干出一番成绩。

后来，他毅然辞职，开启了追梦之旅。没有资金，没有资源，也没有场地，就连方向都是模糊的，只能摸着石头过河，一步步去探索。他时常穿梭在各个商家，认真挑选商品，并且经常为了几毛钱和商家谈判半天。接下来，选场地、选项目，更让他夜不能寐。经过一番周折，最终办公场地选在了大学生创业园，这里创业者云集，不仅租金低廉，还能开阔视野。很快，他的事业就走上了正轨，而且越做越好。现在，一些大品牌商家主动来找他合作。

创业之后，小张实现了华丽转身，他说："新的选择，新的梦想，让我找到了人生最好的状态，也赋予了人生更多意义与价值。"

的确，有价值的梦想不断丰富人生的阅历，加速人生的成长过程，也能进一步放大人生价值，使自己活得更精彩。

（2）梦想要能发挥优势

实现梦想需要发挥优势，扬长避短。但现实中，太多人都在用不适合自己的方式工作，这导致他们表现平平，甚至无所作为。如果不能发挥自己的优势，则很难实现自己的最大价值。

因此，要做出成绩，首先要对自己有深刻的认识，清楚自己的优点和缺点，知道如何发挥自己的优势，这样才能做到卓尔不群。一个人在自己不擅长的领域很难做出成绩，更不可能通过一直做自己不擅长的事而圆梦。

（3）要对梦想感兴趣

除了价值、优势外，一个人还要对自己的梦想感兴趣，这一点非常重要。当梦想有价值且你对梦想感兴趣，又可以发挥自己的优势时，你会发现自己身上会源源不断地涌出能量。

几年来，做一位能给别人带来更大价值的讲师，是我的梦想。有时，我看一部电影可能会打盹，和别人应酬会觉得累，即便是有时间出去游玩，也经常感到乏味，唯独在课堂上，我会变得精力越发充沛，哪怕前一天晚上只睡了三五小时。

我经常问自己："我为什么这么喜欢讲课，乐此不疲？"因为它是我的兴趣所在，对我来说又非常有价值，我很愿意做好这件事，也相信自己一定能做好。所以，我不需要别人催促，也不要外界激励，只要我一站上讲台，会自动调整到最佳状态。

比如，有的学员对其他事情没兴趣，但是喜欢开宠物店，因为他对这件事感兴趣，觉得它有价值，所以，他能把这件事做好。有的学员可能会说："我似乎对什么事情都没有兴趣，也没优势，我也不知道什么是价值，怎么办？"那就尽快去寻找这三个重要的点。然后，找到它们的交集，这样，你就可以定位自己应做哪些事情。当然，兴趣是可以慢慢培养的。

　　梦想一定要与自己的兴趣相结合，我们做自己感兴趣的事情时，才有动力坚持下去，才能做得更好，才会感到快乐，提升幸福感。

　　综上所述，在追梦的过程中，我们要不断地检视自己的梦想，不要让它偏离了人生航向，只有做那些让人生更有价值，有助于发挥自身优势，且自己感兴趣的事情，才能让梦想照进现实。

第二章　能力迭代

培育能力的事必须继续不断地去做，又必须随时改善，提高学习效率，才会成功。

——叶圣陶

1. 大脑保持极度开放

有的人总觉得自己很笨，如果你也这么觉得，那接下来，请你思考三个问题：

你真的了解自己吗？

你了解自己的大脑吗？

你认为自己的大脑潜能都发挥出来了吗？

相信，每个人都有自己的答案。很多时候，计划之所以不能按时执行，能力得不到持续提升，是因为我们的大脑被"禁锢"了。要实现自我能力迭代，必须先让大脑保持极度开放的状态。

我们知道，大脑是由脑干、小脑和大脑三部分组成的。

脑干位于头颅的底部，自脊椎延伸而出。脑干被认为是最原始的脑，其主要功能是传递感觉信息，控制某些基本的活动，如呼吸和心跳等。脑干不会产生任何思维，也没有感觉功能，它可以控制其他原始直觉，比如方向感。再如，我们的愤怒或是不舒服等感觉，也是脑干发出的。

小脑负责肌肉的整合，同时具有控制记忆的功能。随着年龄的增长及身体的成熟，小脑的生理功能会因得到不断的训练而提升。对于运动，我们并没有达到完全控制的程度，这就是小脑没有得到锻炼的结果。现在，你可以进行一个简单的测试：在其他手指保持不动的情况下，试着弯曲小拇指以接触手掌。结果会怎么样？你很难做好这个动作，但是大拇指却可以轻松地完成这个动作。

大脑是人类记忆、情感与思维的中心，也是一个人的智囊。它由两个半球组成，表面覆盖大脑皮层。如果没有大脑皮层，我们只能处于一种植物状态。科学研究证明，大脑分为左脑和右脑。通常，左脑具有语言、概念、数字、分析、逻辑推理等功能，通过视觉、听觉、触觉、味觉等转换成语言表达出来。右脑具有音乐、旋律、幻想、绘画、空间几何、想象、综合等功能，右脑具有创造性的本领。

前一段时间，我又读了一遍瑞·达利欧的《原则》。每次读后，都有新的收获。第一次翻读这本书是在2018年。在这本书中，作者提出，"头脑极度开放""进化""真相是什么""拥抱现实"等理念，希望从不同的角度，引领人们独立思考、虚心接纳不同意见、享受失败、寻找同伴等，以期赋予我们更大格局、更宽视野，以原则拓宽我们的人生边界。

这也给我带来了一些新的人生思考，而且书中的一些观点与我的一些关于个人成长的观点不谋而合，比如"保持头脑极度开放"。我一向认为，做到头脑极度的开放有助于我们更快达成人生的目标。当然，头脑极度开放不是一边承认"我可能是错的"，一边顽固地坚持自己的所有观点，而是在谦虚地承认自己可能是错误的同时，能够不断探索理解其他观点背后的理由。

为什么我们需要做到头脑开放？因为在实现目标的过程中，没有人能把每一步都做到极致，每一步都发挥出超能力，经常需要他人的帮助，并与拥有不同能力的人合作。换言之，一个人靠单打独斗能实现的目标有限。我们需要其他人帮助我们斟酌，找到最好的决策，并帮助我们客观看待自身弱点，弥补短板。因此，保持头脑开放，有益于我们更好地与正确的人共事，与目标一致的人合作。

但是，在生活中，大多数人很难做到这一点，有时，他们甚至连一点反对意见都听不进去，更不用说站在别人的角度深入地看待问题了。

那么是什么阻止我们头脑开放呢？原因有二：一是自我认识障碍；二是思维盲点。

（1）自我意识障碍

它是潜意识中的一种防卫机制，尤其是当我们"接收"到别人批评的信号时，会简单地将其视为"攻击"。

这种快速简化的决策机制，主要是受我们大脑功能的影响。大脑有三层结构，从里到外可通俗地称为：鳄鱼大脑、猴子大脑和人类大脑。鳄鱼大脑负责所谓的直觉，中间的猴子大脑负责处理情绪，人类大脑负责理智，诸如逻辑推理等。

其中，鳄鱼大脑拥有一些最基本、最快速的反应，有助于我们在凶险的环境中生存。比如，当生存的领地里冲进来一个动物时，鳄鱼大脑会快速地做出如下反应：

> 不是同类，比自己小。行为：没有思考，没有情绪，吃掉它。

> 是同类，同性，且比自己小。行为：没有思考，没有情绪，去反击。

> 是同类，异性。行为：没有思考，没有情绪，满足繁殖需要。

> 是同类，同性，且比自己大。行为：没有思考，没有情绪，逃跑。

如果上述情况没有出现，怎么办？它会僵在那里，既没有思考，也没有情绪。

猴子大脑属于后进化的脑部，能处理更多情况。情绪可以帮助我们判断好与坏，以便学习和记忆，下一次做出更快的反应。像最基本的情绪，高兴、沮丧、恐惧、厌恶、生气和惊讶等，都可以被视为学习后的"快捷方式"，即某种情况会触发某一类特定的情绪，而这种特定的情绪会触发特定的直觉，随后产生具体的行动，或者直接产生行动。

人类大脑则属于智能范畴，可以让我们在深入思考后做出理性的决策和判断，这是一种高阶思维方式。

鳄鱼大脑、猴子大脑和人类大脑之间的合作方式为：当遇到情况时，鳄鱼大脑的应对能力有限，它无法应对，会交由猴子大脑来处理。猴子大脑处理过后，再同人类大脑一起触发行动。

为什么要了解大脑的运行方式呢？

因为这有助于我们理解理性思考、情绪与直觉的关系。当我们面对一件事情时，会同时出现两个"我"：一个是较低层次的"我"，即靠情绪和直觉决策的"我"，另一个是较高层次的"我"，即理性的"我"。较低层次的"我"会简单化地处理事物，从而让我们快速地做出反应。比如，有人反对你的意见时，你立马会变得愤怒。在愤怒时，情绪与直觉会优先于理智做出行动，从而导致你无法理性地处理相关行为。

（2）人的思维盲点

它会影响我们的思维方式，有时甚至会阻碍我们准确看待事物。人的思维方式主要受以下几个因素影响：

①大脑硬件功能。它与人身体功能一样，各有差别。大脑功能差异会影响人的思维方式，导致其看不到一些东西。

②无法理解自己看不到的事物。没有识别规律和综合分析能力的人，很难弄明白识别规律和综合分析是怎么一回事，就如同一个色盲不清楚辨色是怎么回事一样。

③主观上不愿意看到事实。虽然每个人都有思维盲点，但并不是所有问题都想不到，而是不愿意去面对。比如，别人指出你的缺点，你难以接受，会选择性地"失明"。

在生活中，要想头脑变得开放，需要不断对鳄鱼大脑、猴子大脑、人类大脑进行信息输入，使新的信号代替旧有的模式，从而使三者都得到进化。与此同时，也要客观理性地看待自己的问题、缺陷，不盲目乐观自信。

2. 提升持续行动的能力

很多人都有一个行为习惯，就是间接性奋斗，持续性懒惰。最常见的一种现象就是，言行不一，制订了一大堆计划，最后总是因为各种"特殊情况"而搁置，无法推进。

比如，计划明天要做什么事情，结果因为种种原因耽搁了，没能做成。接下来，信誓旦旦地说："一定坚持每天早起，按时完成任务。"结果没过两天，又以"没睡醒""太累了"等理由赖床。可以说，类似的例子俯拾皆是。

言行不一很大程度上是因为你缺乏持续行动能力。每一次的言行不一不仅是在浪费你的时间，更是在主动放弃一次次成长和改变的机会。

我们听说过"1万小时定律"，即要成为某个行业的专家，至少要持续不断地努力1万小时。这个定律是作家格拉德威尔在《异类》一书中提出的，他说："人们眼中的天才之所以卓越非凡，并非天资超人一等，而是付出了持续不断的努力。1万小时的锤炼是任何人从平凡变成世界级大师的必要条件。"并将其称为"1万小时定律"。如果按每天工作8个小时计算，一周工作5天，那么成为一个领域的专家至少需要5年。这就是1万小时定律。

要持续地提升自己的能力，实现快速自我迭代，也需要遵循1万小时定律，在行业内不断地深耕自己的同时，也要持续地在生理、情感、心灵、心智等方面自我投资，如图5-2所示。

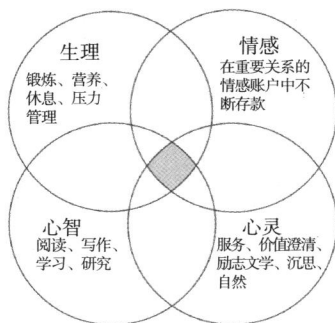

图5-2　持续的自我投资

用则进，废则退。不扫地就会满屋垃圾，人不行动就会退步。如果想要成长，需要持续、稳定地行动。如何持续行动，是我们每个人都会遇到的问题。一旦停止行动，事情就不会有进展。当我们不再渴求自己想要的事物时，便没有了进取心，也不再行动，这时，我们也就停止了成长。

可以说，天赋决定了一个人的能力上限，但是持续行动决定了一个人能达到的下限。正所谓"三流的点子加一流的执行力，永远比一流的点子加三流的执行力更好"，真正拉开人与人之间差距的，是持续行动的能力。

在追梦的路上，我们经常会停下自己的脚步，感叹"为什么要这么急呢"，或是"是时候停下来歇一会儿了"，为什么？一是因为没有持续行动的能力，二是因为缺少方法。这就像开车一样，首先油箱要有油，其次要会驾驶，如果不会驾驶，即便油箱有油也不行。

那么如何提升持续行动的能力呢？有三个实用的策略。

（1）激发原动力

为了激发持续行动的原动力，心理学家根据承诺一致性的原则提出了两个方法：

①写下你做这件事的6个理由：为什么是6个理由呢？因为理由太少容易放弃，认为做与没做差不多。只有理由够多，才能说服自己，并一直督促自己推进这件事。你找的理由越多、越重要，持续行动的时间就越久。

②正向思维。成长的过程是一个自我肯定、否定、再肯定的过程。自我期望和认知对行为产生重要的影响。当你在特定环境中完成一项任务时，会主观判断"我要花多少时间完成这项任务"，这体现了自我效能感。当有较高的自我效能感时，就会有较高的预期，会更努力地尝试，坚持的

时间也会更长，成功的机会会增加。反过来，成功的经验会进一步提升你的自我效能感，从而形成一个连续的正向反馈循环。因此，我们要学会用正向思维来思考问题。

（2）固化做事的流程

为什么要固化一个流程？因为大脑并不善于记忆。比如写文章，先要确定主题，再考虑段落架构，开头怎么写，结尾怎样处理，标题怎么起，以及配什么图片等。这并不是一项简单的工作，但如果你把写作流程固化，就会轻松很多。流程固化能将一件复杂的事情分解，变成一个个可以实现的小项目。

（3）确定一般原则

比如拜访客户，你给自己定一个原则：花在路上的时间越少越好。如果是长途，首选飞机，到了市区，可以选地铁。虽然有很多种交通工具可选择，但在"花在路上的时间越少越好"这个原则下，你的选择有限，这反而提升了做事效率。

综上所述，用好激发原动力、固化做事流程、确定并坚持自己的原则这三个策略，你也能拥有言必信、行必果的高执行力。

3. 三步实现自我迭代升级

一个人的成长速度取决于他内在的迭代速度，迭代速度越快，能力提升越强，成长速度越快。迭代意味着要有意识地持续打破和超越自我、在重复中改善、根据反馈不断革新认知结构。

那么什么是自我迭代呢？就是当你意识到自己目前已经处于瓶颈状态，无法获得更好的进步时，主动打破舒适区的天花板，有针对性地拓展自己的能力，让自己完成一次认知升级，从而获得更大的发展空间。

大多数人很少会主动思考自我迭代，通常被动等待机会的来临。当机会真正来临的时候，却又没有能力把握。心理学家荣格曾经说过："你的潜意识正在操控你的人生，而你将其称为命运。"这句话在某种意义上可以解读成"性格决定命运"。性格的背后，是我们思想、观念、思维模式、教育程度等一系列因素的综合表现，这些都会影响我们的潜意识。很多时候，我们会鬼使神差地做了某些"蠢事"，其实就是潜意识在作祟。

要进行自我迭代，离不开以复盘为前提的刻意练习。比如，你一直在做一个新项目，如果不解决原项目中出现的问题，那你很难把新项目做好。为什么？因为你一直沿用老项目的技术和经验，那么新项目可能会出现老项目中的问题。

如果不加思考和变通地利用既有的经验和技术做新项目，就会有一种轻车熟路的感觉，因为这是一种简单的重复。而要真正解决老项目中的问题，会有一定的难度。相比于困难，人们总是喜欢简单。人之所以不喜欢复盘和反思，就因为它是一种刻意练习，是具有挑战性的，如果不愿意面对自己的问题和过错，人就很难迭代自己，无法让自己的能力得到质的提升。当你缺乏迭代能力时，你做再多的事情，都是在简单地重复。当你养成了迭代能力，就会不断提升做事的效率，改进做事的方法。

可以说，能力是迭代出来的。我们学习新知识后，会结合自身的信念、观点、习惯等，把它构建成一种知识体系，通过转化、实践这种知识体系，来形成新的信念、观点、习惯，再通过转化、实践等，将其转化为行动指南。这是一个不断转化、迭代的过程。

在迭代过程中，你会不断地看到旧的知识体系，或是某种认知模式被打破，在建立新的体系与模式时，你需要去完善、丰富自己。基于这个需求，你不得不去学习、改变、行动，这样才能形成一个新的回路。因此，你会感受到自己不断进步，与过去那个陈旧的自己彻底告别。这样就打破了"我很厉害"的幻觉，让自己有机会看到更广阔的世界。

我有一个雷打不动的习惯，就是坚持写日记。不是只记录"今天做了什么"，而是记下今天的收获，包括经验、新知、想法、灵感等。然后，每隔一段时间，我会纵览一遍，看看自己的认知有没有进步，自己的感受有没有变化，自己在做的事情，有没有更进一步的优化……

如果我发现，我一直在重复之前的模式，没有改变，没有不同，甚至没有新的收获，我就会警惕：我是不是要做出一些改变了？当看着自己的认知在不断地调整、迭代，不断导向一个更全面、更完善的结果时，我就会有一种成就感。

经验告诉我，如果一直采用同一套模式去做一类事情，虽然它可能是当下的最优解，但长远来看，一定会让你失去很多成长的机会。所以，我会尽量想办法，用不同的模式去做同样的事情。在这个过程中，必须打破惯性思维，让自己去遭遇更多的障碍和困难。

当我遇到一个老问题时，我不会急于按照旧思路去解决，而是停下来想一想：我还可以用什么视角和思路去看待它？即使我对它已经非常熟悉，也会去寻求新的突破口和优化点。如果你能想到一些新方法、新视角、新思路，那是最好的，即便它们行不通，至少也是一个学习的机会。

对我而言，有时重要的不是结果，而是在这个过程中，更加了解这个世界，丰富和提升了自己的经验与认知。

每个人都是一个"系统"，在自我成长和发展的过程中，不能一辈子重复同样的思维及行为模式，必须学会自我迭代，让自己不断进入新的循环圈，不断精进，提高思考和处理问题的能力，从而实现自身成长与发展的迭代。

第三章　不断更新

无论哪一行，都需要职业的技能。天才总应该伴随着那种导向一个目标的、有头脑的、不间断的练习，没有这一点，甚至连最幸运的才能，也会无影无踪地消失。

——德拉克罗瓦

1. 有效的自我学习

很多人喜欢这样一种思维方式：永远不问自己"准备好了没有"，而是先立一个目标，然后想办法去做。在做的过程中，发现它跟自己预期之间的差距，再通过学习，来弥补这个差距，使自己更加接近这个目标。简言之，以终为始，短途冲刺。每一次的"冲刺"，都是一种有效的学习过程，也就是你提升自己的过程。

经常有学员问我："老师，您讲了不少方法，我也一直想要改变自己，但总是没办法坚持下去，怎么办？"

对于这个问题，我也有些无奈。毕竟，每个人的情况不同，不过，我可以教授他们一些方法，让他们套用。

我们的大脑有一个特征：比较喜欢稳定，排斥一切不稳定。可以说，大脑一直在"偷懒"，总是试图将需要主动思考的"不稳定状态"，转变成无须动脑的"稳定状态"。前者就叫作"主动加工"，后者就叫作"自动化加工"。

我们工作、讲课、开车的时候，需要聚精会神，这时，大脑会一直在思考"我要怎么做"吗？不会。因为这些动作已经储存在了我们的程序记忆中，成为"自动化加工"，因此它们变成一种下意识的行为。

然而，当我们要学习一种新的知识时，我们做什么呢？答案是：打破这个"自动化加工"，迫使大脑从"稳定状态"进入"不稳定状态"，这样，我们才可以将学到的新东西，安插到这个我们已经熟悉了、习惯了的旧模式中。其实，要做到这一步非常不容易，因为我们需要与大脑的惯性作斗争。

总的来说，在这种自我学习的过程中会形成这样一条回路：遇到问题—采取旧行动—解决问题—获得强化。通过这条回路，旧有的模式会得到强化，从而变成一种本能。它本质上是受大脑的奖赏机制驱动的，也就是多巴胺奖赏回路。如果我们想打破这个惯性回路，那就意味着我们要克服大脑多巴胺和奖赏机制的阻力，走上一条反馈更少、更加费力、更不为大脑所偏好的路径。

因此，我一直强调，学习是"反人性"的。这并不是说学习的过程很痛苦，而是说人总是习惯贪图安逸、趋利避害的，当我们用一种新模式去替代旧模式时，一定要经历一个强行改变自己一些行为的过程。如果行为不改变，只是"知道""明白"，那很难打破我们的惯性回路。

在进行自我学习时，一定要打破旧有的思维模式，让大脑经历"稳定—不稳定—新的稳定"的路径。从这个角度看，其实很多人都不会学习，因为他们只停留在碎片化的理想层面，并没有形成上述路径。比如，有的人在一个岗位上工作了十多年，但是在更换工作时，在经验、技能方面可能还没有入职两三年的人有优势，为什么？因为他不是拥有十年经验，而是一个经验用了十年。

因此，要将知识转化为能力，不但要学会主动学习，设定相应的学习目标，也要掌握几条高效学习的底层逻辑。

（1）有了需求再学

什么样的学习最有效呢？一定是你在生活中遇到了问题，有了学习的需求，这个时候再去学习会更加有效。为什么？因为当你面临问题时，意味着原先的"稳定状态"失效了，大脑开始进入"不稳定状态"。这时，它会想办法解决问题。建立新的路径，对大脑来说是一种"重返稳定状态"的机会。如果你没有这个需求，就不需要打破惯性回路。在有需求的模式下，惯性回路本身已经被打破了，大脑会直接跳过最困难的第一步，来到"不稳定—新的稳定"这个环节，所以，这时学习的效率比较高。

（2）提高学习深度

浅层学习注重输入，深度学习注重输出。比如，在分析问题时，能够跳出问题本身思考更普遍的情况；在寻求答案的时候，能够根据理由可信度判断是否接受这个结论。在接触新的内容时，可以结合自身的经验、学识、立场去解释延伸，使其构成稳固的知识体系，然后进行复盘反思，最终化为自己的能力成果进行输出。这一套流程可以帮我们加强对生活的感知，做到真正有效的学习。

（3）掌握临界知识

通过学习掌握一些重要且影响广泛的规律，并以此建立新的认知，有助于提升自己跨界竞争优势。这些能够在各个领域广泛应用的重要基本规律，就是临界知识。在学习的过程中，如果能够优先掌握临界知识，掌握事物背后重要的基本规律，学习效率就会提高许多。因此在学习时，应该优先使用"硬科学"的规律，也就是数学、化学等，因为它们相对来说比较固定。而"软科学"，也就是社会学类，则具有主观性，容易发生变化。

（4）要学会付诸实践

实践出真知，学完就要立刻付诸实践。建立了系统的认知体系，就要通过实践去查漏补缺，这需要多次反复地进行，直到行为发生持续性改变并获得成功，这才是真正的学习。因此，衡量一次学习是否高效，不应以学习了多少，而应以多少能应用于实践作为标准。

在不断自我更新的过程中，不但要学习知识，也要善于抓住事物的底层规律，这样才能快速变换职业赛道，活出各种可能。当然，最好的学习状态，一定不是为了学习而学习，而是让自己变成一张网，不断去探索新的可能性，在这个过程中让自己的能力和认知不断延伸、拓展，触及更多的领域。学习的过程就是"织网"的过程。

2. 建立思维框架

改变自己最快捷的方法，就是重塑思维框架。任何积极而持久的变化都必须从内心开始，鸡蛋从外打破是一个菜，从内打破是生命。什么是思维框架？所谓思维框架，其实是思考问题的思路和方法。

有的人认为，建立思维框架即等同于限制思维和思维僵化。其实不然，许多时候，问题不在于要不要重塑思维框架，而在于避免用单一的思维方式考虑所有问题。积累尽量多的框架，有助于我们建立多元的思维模型，从多个角度去思考和解决问题，以不断提升自身的能力。

有时，我们的真正问题不在于思维僵化，而是思维空白，即面对一个难题时无从下手。这时，积累、优化一些想问题的思路和方法，有助于我们快速找到问题的突破口，从多个角度解决问题。

那么如何建立思维框架呢？大脑是越练越快的。但是，大多数人没有思考的自觉性，生活在持续的混沌中。所以，有意识地多做思维练习，在日常工作和生活中多思考，多总结，多提问，积累得多了，就会逐渐形成一套适用于自己的思维框架。

下面介绍几种行之有效的思维框架。

（1）逆向思维法

很多时候，我们总是集中精力在想"如何实现梦想"，不妨多想一想"为什么会失败"，更有助于找到做事情的思路与方法。预先设想一个糟糕的结果，分析可能的原因，这样可以减少一些错误。比如，要想过得幸福，可以想一想是什么会带来痛苦。

再如，当你实在想不明白一件事情时，不妨逆向思考，向上溯源，这样更容易找到问题的根源，看清问题的本质。

（2）SWOT分析法

SWOT分析是将主要内部优势、劣势和外部的机会和威胁等，通过调查列举出来，并按照矩阵形式排列，然后运用系统分析的思想，对各种因素进行匹配，然后综合起来加以分析，从中得出结论。其中，S（Strengths）是优势，W（Weaknesses）是劣势，O（Opportunities）是机会，T（Threats）是威胁。运用这种方法，能够对研究对象所处的情景进行全方位、系统、准确的研究。

（3）鱼骨图

鱼骨图是一种发现问题"根本原因"的有效工具。通过对问题的逐层拆解，可以透过表面现象挖到问题的本质。一般，可以用它来进行事件分析、因果分析、问题分析等。

鱼骨图的绘制步骤如下：

首先，确定要解决的问题，将其写在鱼头。

其次，从多个角度进行思考，列出相应的问题。

再次，对问题进行归类，分组在鱼骨上标示。

最后，通过对各个问题的分析，列出产生问题的原因。

（4）形态分析表格

形态分析表格又叫矩阵图，是一种用多维度的思考方式来激发创意的方法。特别在思考问题的更多可能性时，可以考虑使用这种方法。

使用矩阵法有三个步骤：

首先，对问题进行分解、抽象，列出尽可能完整的维度。

其次，通过反取、细分等操作，找出每一纬度尽可能多的表现值，以构成维度矩阵。

最后，在不同维度的表现值之间尝试建立各种组合。

形态分析表格的关键之处在于，要细分出尽可能多的纬度，每个纬度要罗列出尽可能多的答案。在此基础上，在不同纬度间进行组合尝试，从而得到无数种组合。

除此之外，还有一些常见的思维框架，如金字塔法、STAR 法则、5W1H 原则、AIDMA 法则等。熟悉并掌握相应的方法，有助于我们快速建立新的思维框架，从而实现认知的迭代与升级。

的确，一个人要实现成长，必须不断进行"认知升级"。如果一个人的思维和认知，5 年、10 年都没有实现升级和飞跃的话，那他的思维很可能已经进入"老年"。他的每一天，大概率是在重复自己的过去。从这个意义上说，我们想要让已经成形的思维框架更加贴近真实，更加有效，就需要不断地对它推翻、打破、修复、重建。

3.　成为别人的助梦人

梦想分为低、中、高三个层次。衡量一个梦想层次的标准应是：有益个人的是小梦想，有益家人、亲人和朋友的是中层梦想，有益天下的是大梦想。梦想是人生路上的一盏明灯，它能成就你多少，取决于你有什么样的梦想。

从今天开始，去挖掘自己的梦想，不要害怕将你的梦想告诉别人，也不要害怕将自己的梦想讲出去感染和影响别人。成功的人都能用自己的梦想点燃别人的梦想。为什么在实现自身梦想的时候还要助梦别人呢？

很简单，因为每个人在寻梦、逐梦的路上，都会遇到困难，遇到挫折，都需要别人的提醒、帮助。别人的提醒和帮助，又会让你重新找到目标和方法。同样，每个人都应该主动去做别人的助梦人，这样不但会让你成为幸福快乐的人，也会放大你的人生价值。

　　在授课的过程中，我发现一个现象：改变学员的技能很容易，但是要改变学员的态度就非常困难了。于是，我开始有意识地研究有关心理学的一些课程。例如，先后研读了积极心理学大师塞利格曼的书籍，参加了NLP认证课程、萨提亚心理辅导课程、路·泰斯《对卓越的投资》课程等。同时结合我多年的思维转变过程，以及在用友大学领导力学院的工作经历，开发了《成功的正循环》课程，并将课程传授给用友的管理者和客户，同时将课程内容分享给我的一些朋友。

　　结果发现，这个课程不但让很多人受益匪浅，也给我带来了巨大的改变，我因此获得了更多学员、伙伴、客户的信赖，并从中看到了一个更好的自我。我也因此给自己一个新的定义：我的使命是助人成长，愿景是希望自己成功，不停地修炼，帮助别人成长。

　　的确，从走上讲台的第一天起，我就真心地希望能帮助更多人走出困境，树立积极的目标，并进入成功的正循环。曾经，苏婉老师在课堂上分享了四句话：知之以谋而观其事，告之以过而观其友，邻之以财而观其廉，其子以事而观其信。我深受触动，希望自己及学员都具备优秀的品质。于是，我将这四句话牢记于心。后来，我稍加改动，这几句话就变成：知之以谋而鉴我事，告知以过而借我友，邻之以财而借我廉，其子以事而借我行。我会坚定地朝梦想努力，并愿意帮助更多人激发潜能。

　　帮助别人实现梦想，自己也会梦想成真。因为当我们帮助别人变得更好的时候，也在不断自我精进，且会距离自己的梦想越来越近。

　　下面，请对照表5-1，来做一个自我检视吧。

表 5-1　助梦辅导问题列表

问题是什么	你的问题是什么？ 问题是怎么来的？
问题解决收益	这个问题的解决对你意味着什么？ 解决问题为了达成什么目标？ 如果实现了，会达成什么样的效果？
产生问题的原因	是什么原因导致这个问题的出现？ 要完成目标，面临的最现实的困难是什么？ 真正的障碍是什么？
解决方案	你已经拥有了哪些资源？ 你还需要哪些资源？ 要发挥出你的优势，你还可以做些什么？ 如果你需要帮助，你会想到谁？ 再想一想，还有什么方法？ 如果立即行动的话，你会选择哪一个方法？
计划及行动	基于这些方案，下个星期你想做什么？ 你采取的第一个具体行动是什么，什么时候开始的？ 执行了计划后，你有哪些感觉？ 我如何才能知道你执行了计划？

为了更加直观，可以将上表简化为思维框架图，如图 5-3 所示。

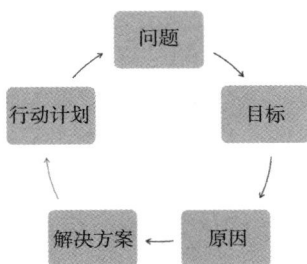

图 5-3　助梦人的思维框架

在帮助他人成就梦想的过程中，自己的每一点付出，都会得出相应的回报，都会让自己获得新的收获。所以说，助梦他人，成就他人，也是在成就自己。

结语：开启梦想探索之旅

　　追求梦想的路没有终点，不同的人生阶段有不同的梦想。梦想是启动人生之路的钥匙，追求梦想之路虽有艰难和痛苦，可阶段性实现梦想的快乐和成就感是最难得的。